JN039172

SCIENCE AND ENGINEERING

Recipes

{AI・データ分析
モデルのレシピ}

漆畑 充 編著

石井 大輔・川崎 達平・本木 裕介 共著

Ohmsha

本書に掲載されている会社名・製品名は、一般に各社の登録商標または商標です。

本書を発行するにあたって、内容に誤りのないようできる限りの注意を払いましたが、本書の内容を適用した結果生じたこと、また、適用できなかった結果について、著者、出版社とも一切の責任を負いませんのでご了承ください。

　本書は、「著作権法」によって、著作権等の権利が保護されている著作物です。本書の複製権・翻訳権・上映権・譲渡権・公衆送信権（送信可能化権を含む）は著作権者が保有しています。本書の全部または一部につき、無断で転載、複写複製、電子的装置への入力等をされると、著作権等の権利侵害となる場合があります。また、代行業者等の第三者によるスキャンやデジタル化は、たとえ個人や家庭内での利用であっても著作権法上認められておりませんので、ご注意ください。
　本書の無断複写は、著作権法上の制限事項を除き、禁じられています。本書の複写複製を希望される場合は、そのつど事前に下記へ連絡して許諾を得てください。
出版者著作権管理機構
（電話 03-5244-5088，FAX 03-5244-5089，e-mail：info@jcopy.or.jp）

JCOPY ＜出版者著作権管理機構 委託出版物＞

はじめに

　AI業界では、2015年頃から始まったAIブームがひと段落し、次のフェーズに移行しつつあります。もちろん、AI技術はブームで終わる一過性のものではなく、市場は拡大し続けている状況です。例えば、いま注目されているキーワードの1つ「DX」（デジタルトランスフォーメーション）を簡単に説明すると、「紙情報の脱却」「クラウドの導入」「業務のオンライン化」あたりが具体的に挙げられる事項になります。この3つとも、クリティカルな"データ化されていなかったものがデータになる"ということを表していますが、その規模はとても大きなものです。まだAI実装がなされていないホワイトスペースは、非IT市場や行政を含めると98％残されていると言われています。AIブームの初期（2015年〜2019年）は大手企業がAIベンチャー企業に高単価で発注をするケースが主流でしたが、2020年以降はAI技術が一般的な中小企業、一般消費者のマーケットまで深く入り込もうとしています。そのトリガーとなるのが、まさに政府主導のDX推進なのです。

　本書では、皆さんの日々の業務でよく見かける"マーケティング"の事例を並べました。比較的身近な話題を取り上げたのは、一見AIに無関係な仕事に就かれている方にとっても「自身の仕事に必要なAI技術はどんなものだろう」と、考えるきっかけになればと考えたためです。

　AIは、いわば「数学を使った業務改善の道具」です。この道具をうまく活用すれば、売上増やコスト圧縮につながります。景気の動向も激しく変化する状況ですので、さまざまなシーンで使えるようなフレームワークやAI活用のアプローチを紹介できるように執筆しました。

　また、なるべく図説を多く用いて"直感的なわかりやすさ"も目指しています。本書をきっかけに、皆さんがよりAIを使った業務改善をご自身の周りで推進できるよう、著者一同願っています。

2021年5月

石井　大輔

本書の読み方

本書では、正しく的確にAIを活用したデータ分析モデルを導入できるよう、具体的な活用シーンに示しながら、分析プロセスにおける知識やテクニックを丁寧に解説しています。サンプルデータを使って実際に手を動かしながら学べるつくりのため、データ分析初心者の方も安心して読み進められます。マーケティング、企画、営業など、さまざまな仕事で役立つテクニックが満載ですので、ぜひ一読いただけますと幸いです。

本書の構成

本書は、以下の6つのパート（＋Appendix）で構成されています。

Part 1 では、マーケティングにおけるAIの活用のプロセスの概要を解説します。ここで解説する内容は、後に続く **Part 2** 〜 **Part 6** で取り上げるレシピ（事例）とも連動しています。

Part 2 〜 **Part 6** では、レシピ形式でさまざまな事例を示しながら、具体的なテクニックを紹介していきます。**Part 2** では、顧客データをプロフィール別に分けて自社の戦略・戦術・タスク・プロセスを最適化する事例を紹介します。**Part 3** では、Webを使って効果検証データを取り、内容についてより深く分析するとともに、データドリブンで次回の広告配信の内容とチャネルのPDCAを効率的に回す話を紹介します。**Part 4**、**Part 5** では、マーケティングキャンペーンで得られたデータをより深く分析するとともに、顧客アンケートをより立体的定量的に分析する事例を紹介します。そして最後の **Part 6** では、一般的に物販がデジタル化、つまりEコマース化する中で、レコメンデーションモデルでの基本となる協調フィルタリングを紹介します。

さらに巻末のAppendixでは、AI開発を成功させるコツ、避けるべきやりやすい失敗（アンチパターン）について、法務リスクも交えて取り上げています。

各Partの展開

Part 1 は、データやAIの活用に必要な、適切なプロジェクトの進め方の解説です。一般的なプロセスは「プリアナリティクス」「分析マスターデータ作成」「基礎集計、可視化」「モデリング」「評価」の5つのフェーズで構成されますが、それぞれについて節ごとに解説しています。

各フェーズについて概要を解説

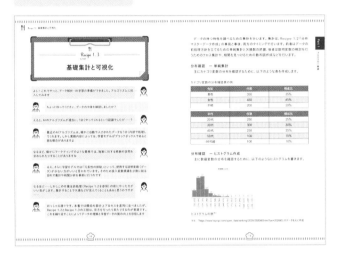

Part 2 ～ **Part 6** は、パートごとに事例を設定し、そのプロジェクトを進行する様子とともに、具体的な分析の手順やテクニックを解説しています。

【 introduciton 】

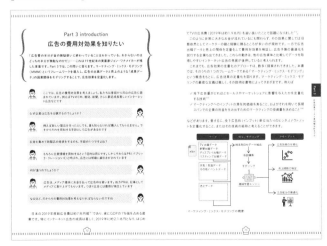

【 Recipe 】

具体的な分析の手順やテクニックを、手順を追って解説します。

メニュー名
今回のテーマ

用途例
今回のレシピで学べることの概要

完成
操作後に得られる
分析結果など

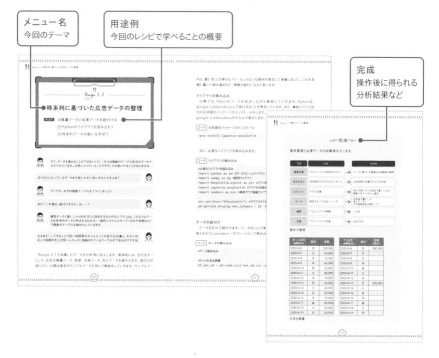

∽ 本書の操作について ∽

本書で取り扱う各種のデータ分析操作は、Pythonで行います。なお、本書では、AIを活用したデータ分析モデルを中心に解説を進めていますので、Pythonに関する解説はそれほど多く触れていません。Pythonの文法や使い方について詳細を学びたいという場合は、別途入門書などを参照ください。

Pythonの実行環境については、Google社が提供する機械学習の教育や研究用の開発環境「google collaboratory」上で操作することを前提に解説していきます。

google collaboratory
https://colab.research.google.com/notebooks/intro.ipynb?hl=ja

google collaboratoryは、ブラウザ上で無料で手軽に使うことができ、Pythonの主要なライブラリがプリインストールされているので、初学者でも簡単に始めることができます。

もちろん他の実行環境でも読み進めることは可能ですが、本書と同じように進めて実際に試してみたいという場合は、google colloaboratoryから外部ファイルを読み込んで使用するため、google driveに紹介するサンプルファイルをいったん保存し、以下のマウント処理をする必要があります。

■google colloaboratoryの準備

コード

```
#以下を実行する
from google.colab import drive
drive.mount('/content/drive')
```

出力

クリックしてコードを入手

コードを入力

　上記リンクをクリックして出てくるコードを「Enter your authorriazation code」にコピー＆ペーストして[Enter]キーを押します。

次に以下のように入力します。

コード

```
import os
os.chdir('/content/drive/My Drive/ohmusha/')  #データを保存してある場所を指定
os.getcwd()
```

これで準備完了です。

∾ サンプルファイルについて ∾

　本書で使用するデータやプログラムファイルの一部は、下記のURLからダウンロードできます。

https://www.ohmsha.co.jp/book/9784274227240

　Part 2 ～ **Part 6** で掲載したコードは、ipynbファイルとしてまとめています。google collaboratoryのメニューから、[ノートブックを開く]を実行してご確認ください。

　また、サンプルファイルは、一部のオリジナルのものを除き、無償で提供されている各種のデータファイルをダウンロードして使用します。ダウンロードに必要なURL等は都度示していますので、そちらを参考にお試しください。

舞台と登場人物について

　本書では、各パートごとに架空の事例を設定して、プロジェクトの進行の様子を会話形式で示しながら、解説しています。それぞれのキャラクターは、パートごとに設定が異なりますが、おおよそ以下の設定で執筆しています。

新人社員。マーケティング、データ分析については初心者

中堅社員。データ分析については初心者

中堅社員／先生。マーケティング業務全般に精通

中堅社員。マーケティング業務全般に精通

ベテラン社員。マーケティング業務全般に精通

Contents

Part 3

Part 4

Part 5
調査データ × コレスポンデンス分析モデル ………… 151

Part 6
Eコマースデータ × 協調フィルタリング分析モデル … 183

Appendix
AI開発の成功パターン（EDA）と失敗パターン（LISA）‥215

本文デザイン：赤松由香里（MdN Design）
本文イラスト：松本セイジ

Part 1

プロセスの一般論

Part 1 introduction

プロジェクトを成功に導くための基本を身に付ける

データサイエンスやAIに係るプロジェクトマネジメントは、通常のIT導入のそれとは異なる部分が多く、大多数の人にとってこれは未知の領域です。従って現場では、メンバー全員が手探りでプロジェクトを遂行しているのが現状です。Part 1では、このような現状に対しての処方箋として、プロセスの一般論を紹介していきます。

 例えば上司や顧客から「データがあるのでAIで何かできないものか」と相談されたとしましょう。どのように対応されますか？

ええっと……正直戸惑ってしまいます。何をやるか途方にくれそうで……

 うん、それが普通の反応です。データ・AIの活用はここ近年、急に発展してきた分野ですし、その適切な進め方を知っている方が稀なのです

なるほど……では、私のように「経験がないけど担当になってしまった場合」はどうしたらよいのでしょうか？

 安心してください。それを手助けするのが私の役目です。まずは、業種・業態によらない、データ・AI活用を事業として推進していくための「5つのプロセス」を紹介しましょう

なんだか凄そうというか……難しそうですが……

 心配無用です。プロセスの概念だけではわかりにくいので、実際にフレームワークとして使えるチャートも合わせて紹介します。これらチャートを埋めていくような形でプロジェクトを進めていけば、そんなに難しくないはずです

なるほど、それなら私でもできそうな気がします！

昨今、ビジネスの現場ではデータやAIの活用に関する取り組みが数多く行われています。このようなプロジェクトが増える一方で、思うような結果が得られずにプロジェクトを中止せざるを得なくなったとの声も聞こえてきます。

思うような結果が得られなかったプロジェクトは、主に2つのパターンに大別されます。1つ目は、データやAIを活用する以前の段階に問題がある場合です。例えばデータがまったくない、あるいはデータはあるが複数のファイルに散逸していて、かつ、それらを紐付けるキーがないなどです。2つ目は、プロジェクトの進め方に問題がある場合です。例えば部下にデータを渡して「後はよろしく」としてしまったため、部下が途方にくれて結局進まなかった、あるいは、ビジネスとしてやりたいことを整理せずに技術的に可能であるからという理由で深層学習を使ってみるも、実際に欲しかったのはA/Bテストの結果であったなどです。これらはいずれも、適切なプロジェクトの進め方を知らなかったために起きたと考えられます。

プロジェクトがうまくいかない原因

つまり、データやAIの活用に対する取り組みを成功させるには、「❶データの整備」「❷適切なプロジェクトの進め方」という2つの柱が重要であることがわかります。そこで本書では特に後者に注目し、プロジェクトの進め方を体系化して、プロセスに沿った形でのデータ・AI活用方法を、レシピスタイルで紹介していきます。本パートでは、プロジェクトの一般的なプロセスについて説明します。

一般的なプロセスは、「プリアナリティクス」「分析マスターデータ作成」「基礎集計、可視化」「モデリング」「評価」の5つのフェーズで構成されます。次の図から、プロセスの始点と終点のタスクが多いことがわかります（必ずしもすべてのプロジェクトで図示されたプロセス・タスクを行うわけではありません）。

Part 1では、この5つのプロセスの詳細を解説します。なおステークホルダーは、プロジェクトの状況に合わせて、例えばクライアントや上司、または経営陣を想像しながら読み進めると理解しやすいでしょう。

	プリアナリティクス	分析マスターデータ作成	基礎集計、可視化	モデリング	評価
タスク	・要件ヒアリング ・期待値コントロール ・成果物設定 ・分析方向性立案 ・データ連携方法確認 ・データ受領・確認	・マスターデータ作成 　- データの集約 　- データの前処理	・単純集計 ・クロス集計 ・相関分析	・モデリング	・評価用データでの評価 ・シミュレーション
アウトプット	・提案書 　- スケジュール 　- 予算 　- 体制 　- 成果物 ・データ連携図 ・データ一覧	・データ作成手順書 ・マスターデータ	・集計表 ・散布図等の図表	・モデル	・評価結果 　- AR値 　- AUC値 　- 正解率 　- F値 ・シミュレーション結果 ・最終報告書

一般的なプロセス

Recipe 1.1
レシピ

プリアナリティクス

 「要件定義」という言葉は聞いたことありますよね?

はい、顧客の課題を解決するために、適したシステムの設計を行うことです

 そうです。ここで紹介する工程は、システム開発で言うところの要件定義のフェーズに当たります。分析作業に着手する前に行うので「プリアナリティクス」フェーズと呼んでいます

なるほど……多分ですが、すごく重要なフェーズな気がします。ここをいい加減にすると後で恐ろしいことになりそうな……

 その通りです。炎上、遅延するプロジェクトの大半は、この「プリアナリティクス」フェーズがしっかり行われていないものがほとんどです。実際に手を動かす訳ではないので退屈かもしれませんが、ここの巧拙はプロジェクトの成否を分けます。ですからしっかりと身に付けましょう

　プリアナリティクスは、実際に手を動かす前にステークホルダーとプロジェクトの背景や目的のすり合わせを行うフェーズです。

要件ヒアリング

　要件ヒアリングは、データを用いて「誰が」「何を」「何のために」「いつまでに」「どのように行うか」を整理するために行います。プロジェクトの始めに必ず行う必要があります。その方法は、一般的なシステム開発や企画立案などと同じような手順で進めます。ここでの要件が曖昧であると、後の工程に大きな影響を与えるため、抜け漏れなく要件を詰めることが肝となります。

項目	内容		具体例
顧客目標	プロジェクトの目的そのもの	→	顧客情報を活用したマーケティング基盤の構築
何をするか	目的達成のためのするべきこと	→	・顧客を複数のクラスタに分類 ・潜在顧客をクラスタに振り分ける
どのように	その方法論	→	・kmeans法を用いたクラスタリング ・クラスタ割当モデルの作成
データ	使用する（できる）データ	→	・CRMデータ ・購買トランザクションデータ
納期	プロジェクトの納期	→	3週間納品
予算	プロジェクトの予算	→	150万円

要件ヒアリング項目と具体例

期待値コントロール

　要件ヒアリングで整理した内容はあくまで"要望"であるため、実行可能かどうかを検討する必要があります。実行不可能なこと……例えばCRMデータと購買トランザクションデータを紐付けるキーがないと、横ぐしにした分析ができずプロジェクトの質（Quality）に問題が発生します。また、工数と納期が適切でないため希望の納期に応えられないスケジュールの問題（Deliverry）、予算が適切でないため人をアサインできないなどの予算・費用（Cost）に係る問題などもあり得ます。

　これらQCD制約が明るみになるにつれて、ステークホルダーの期待値は当初より下がります。このような場合は、代替案を提示することで下がった期待値を回復させます。これらの一連のやりとりを通して期待値を高すぎず、低すぎない水準にコントロールして、「やりたいこと」「できること」のすり合わせを行い認識の食い違いを防ぎます。

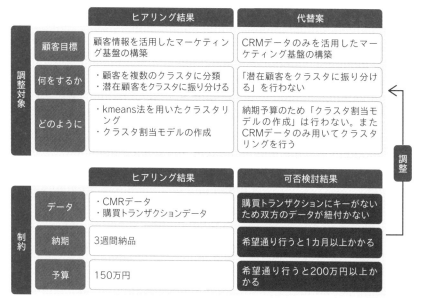

制約とそれを受けての代替案

成果物設定

　成果物の取り決めを行います。ここでの目的は、追加の納品等が発生しないようにゴールを定める意味合いが強いです。先に明示していないと、データ加工後の追加データや加工スクリプト、モデル定義書……と、追加で対応せざる得なくなる場合があります。

	成果物	概要	主なプロジェクト内容	作成負荷
	作成データ	学習データ/スコアリングデータ	広告/CRMターゲティング	低
	作成スクリプト	SQL/Python/Rコード SPSSストリーム SASスクリプト	モデル開発/実装 PoC	中
ド キ ュ メ ン ト	打ち合わせ資料	定例および毎回の打ち合わせ資料	全体で必要	中
	最終報告書	PJ全体の統括な資料	PoC ビジネス企画支援	高
	モデル定義書	パラメータおよび数式からなる書類	モデル開発/実装	高
	レポート	分析結果自体	広告/CRMターゲティング	低〜中 （変動）

成果物一覧の例

分析方向性立案

データサイエンスやAIを活用することは、おおむね何かを予測、識別または分類したりすることと言えます。ここでは何を予測、識別分類するかをステークホルダーの課題に対して定めます。これが「分析方向性立案」です。そのステップは「❶KGI（Key Goal Indicator）の設定」「❷KPI（Key Performance Indicator）に分解」「❸コントロール可能変数の特定」「❹仮説立案」「❺分析方向性立案と評価」からなります。以下の図は「ECサイトの改善」をテーマとした場合のプロセス例です。

分析方向性立案のステップ	アウトプット
❶KGIの設定	課題策定より、売上/年間と設定
❷KPIに分解	右図「KGI分解図」を参照
❸コントロール可能変数の特定	訪問ユーザーのうち、特に新規ユーザー数が減少傾向
❹仮説立案	①検索後訪問率が低い ②（自社ECの）認知率が低い
❺分析方向性立案と評価	何のために、どのような分析を行うか？

「ECサイトの改善」をテーマとした場合のプロセス例

①KGI設定

KGIの設定は、ステークホルダーとのすり合わせにおいて決定します。

②KPIに分解

KPIへの分解は、「売上＝購買単価×購買人数」のように、抜け漏れなく細部まで分解します。

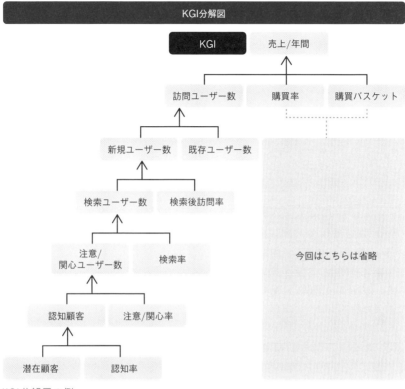

KGI分解図の例

③コントロール可能変数の特定

　コントロール可能変数とは、例えば投下広告費用やWebの接触コンテンツ数などのように、主体的にコントロールできる変数です。それに対してマーケットの大きさや図の新規ユーザー数のようなものは、直接コントロール不可能な変数です。

④仮説立案

　分解したKPIに対してボトルネック箇所を探して、それに対する仮説（課題）群を見つけます。

⑤分析方向性立案と評価

　ボトルネックKPIがコントロール可能変数と対応がある場合は、施策の対象として検討します。

　例えばボトルネックが認知率であるとわかったとすると、それに対応するコントロール可能変数は広告投下量と考えられます。従って、広告の投下計画の最適化を行うことで、認知率を効果的に上げるという施策が検討できます。このとき予測する対象は、広告費用というインプットに対しての効果です。また、使用するデータは広告の投下費用データと認知率のアンケートデータになります。ただし、一般的にアンケートデータは外注するため費用がかかります。

　あるいは購買率がボトルネックであったとすると、それに対応するコントロール変数の1つとしては、商品ページへの訪問数が考えられます。なぜなら、購買率は全体購買数に比例し、購買数は商品ページへの訪問数と、訪問時購買率で記述できるからです（例の1つですので他にもあります。考えてみてください）。多くのユーザーが流入ページから商品ページへ移動するため、流入ページからの誘導リンクを顧客属性に応じて適切なものに設定するという施策が有効そうです。このとき予測するものは、顧客属性と誘導リンクの組ごとに算出されるレコメンドスコアです。使用するデータは、顧客属性データとWebサイトのログデータです。なお、顧客属性データは会員以外はわからないため、新規顧客には適用できません。

　これらをインパクトと実現可能性の観点で評価して以下のように整理し、優先順位を決めます。

ボトルネック	仮説	施策	施策のための分析	評価	優先順位
購買率	・ECサイト内でのコンテンツ接触回数が少ない	・ページを顧客ごとにレコメンドするなど、顧客ごとにパーソナライズする	・使用データ：購買データと顧客属性データ、アクセスデータ ・レコメンドモデルの構築を行い、ユーザーごとのレコメンドスコアを推定する	・インパクト：既存ユーザーが多いためインパクトは大きい ・実現可能性：高い	1
認知率	・広告の露出が少ないため認知が少ない ・広告の露出先が適正でない	・広告効果を測定し、広告費用の最適なアロケーションを行う	・使用データ：広告投下費用データ、売上データ ・広告効果推定モデルの構築を行い、投下広告費用に対して売上を予測する	・インパクト：今までも十分に広告を打ってきたため効果は薄い ・実現可能性：高い	2

評価と優先順位の検討

このようにボトルネックKIPとコントロール可能変数を整理することで、ステークホルダーの課題に対して、どのデータを用いて具体的に何を予測、推定、分類していくかを定めていきます。

データ連携方法の確認

　分析方向性立案で必要なデータを特定しました。次にデータの受領方法や受領日をすり合わせます。また、必要であればデータ連携図を作成しましょう。データの受領はプロジェクトのボトルネックポイントです。ここが遅れると、以降の作業がすべて後ろ倒しになってしまいます。

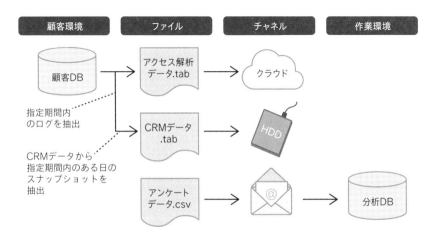

データ連携図

データ受領・確認

　データを受領します。データそのものが正しいか、破損はないか、データのカラムが正しいか、データの中身が正しいかなどを確認します。適宜受領表を作成し、提供元への確認を促します。

	項目	確認事項	実際にあった例
1	最終更新日時	先方送付のファイル数に過不足ないか？	圧縮/解凍の際、ファイルが破損していたので、確認して再度拠出対応を依頼
2	キー	キーはどれか？	複数IDがある場合があり、なおかつ1つのものに2つ他のIDがぶら下がっていたりする
3	レコード数	レコード数が妥当か？	Excelなどでは1,000万行以上であると強制的にカットされてしまう
4	最終更新日時	古いデータでないか？	保存前の古いデータが送られてくることがある

	受領日	キー	レコード数	ファイル名	最終更新日時
アクセス解析データ	2018年x月y日	顧客ID	1,234,567	xxx.tab	xxxx
CRMデータ	〃	〃	12,345	yyy.tab	xxx
アンケートデータ	〃	ユーザーID	1,234	zzz.csv	xxx

データの確認事項と受領表の例

　慣れればこのような面倒なプロセスは省略しても問題ないのですが、しばらくはここで紹介した内容を確認しながら、抜け漏れなくプリアナリティクスフェーズを行いましょう。

Recipe 1.2
レシピ

分析マスターデータ作成

 さあ、受領したデータを確認してみましょう

CSVファイルが4つ、他にtxtファイルでマスターデータを受領しました

 実はこれらのファイル、このままではデータ解析・AI学習に使用できません

ファイルが複数になっているからですね

 その通りです。まずは1つのファイルに加工する必要があります

あ、それは知っています、名寄せですよね？IDでファイルを紐付ける処理ですね

 はい。ただし、1つのファイルに加工したらそれで完成かというとそうでもなく、欠損や数値の処理など、細々とした作業が必要です。ここではデータ加工の工程で行う作業について順を追って紹介していきます

　必要なデータが揃ったら、いよいよ分析作業に入ります。ただし大抵の場合は受領時のデータそのままでは、機械学習やAIモデルに投入することはできません。そのために適した形に変換する必要があります。ここでは適した形に変換したデータを、「分析マスターデータ」と呼ぶことにします。

　この処理は、以下のプロセスからなります。ここではその詳細には立ち入りませんが、興味がある方は拙著[※1]をご確認ください。

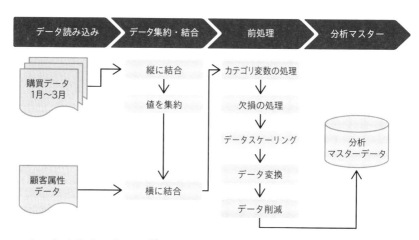

マスターデータ作成のプロセス※1

※1　石井 大輔（Team AI 代表），漆畑 充，及川大智，大下健史（BCI），オング優也『現場のプロが伝える前処理技術 ～基礎から実践まで学ぶ テーブルデータ/自然言語/画像データの前処理』マイナビ出版（2020）より一部抜粋して加工

データ集約・結合

受領するデータが、単一のファイルから構成されることは稀です。このようなデータを1つのテーブルに変換します。

データの集約はファイルに同一IDが複数レコードある場合、ID1つにつき1レコードとなるように変換する作業です。以下の図でイメージをつかみましょう。

顧客ID	購買日時	商品名	数量	金額	更新日時
10001	2019/7/1	A	1	100	2019/7/1
10001	2019/7/1	B	2	300	2019/7/1
10002	2019/7/1	A	2	200	2019/7/1
10002	2019/7/1	B	2	300	2019/7/1
10002	2019/7/1	C	1	200	2019/7/1
10003	2019/7/1	D	1	250	2019/7/1
10001	2019/8/1	B	1	150	2019/8/1
10001	2019/8/1	D	2	500	2019/8/1
10002	2019/8/1	A	2	200	2019/8/1
10002	2019/8/1	C	2	400	2019/8/1
10002	2019/8/1	B	2	300	2019/8/1
10003	2019/8/1	A	2	200	2019/8/1
10003	2019/8/1	B	1	150	2019/8/1
10003	2019/8/1	E	1	500	2019/8/1
10001	2019/9/1	D	1	250	2019/9/1
10001	2019/9/1	E	2	1000	2019/9/1
10002	2019/9/1	A	3	300	2019/9/1
10003	2019/9/1	A	2	200	2019/9/1

顧客ID	金額
10001	2300
10002	1900
10003	1300

顧客IDごとに 金額を合計する

データ集約のイメージ

データの結合は、縦への結合と横の結合があります。縦の結合は簡単で、複数に

別れている同じ形式のファイル（例えば月間売上元帳のように、月ごとにファイルが別れている）をそのまま上下にくっつける方法です。対して横結合は、異なる形式のファイルをIDのような共通キーで紐付ける作業です。以下の図で横結合のイメージをつかみましょう。

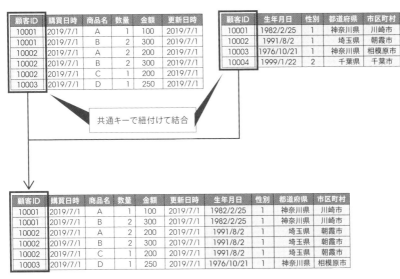

横結合のイメージ

前処理

　前処理は、それだけで1冊の本が書けてしまうほどの内容があるため、本書では処理の概略のみを示します。

①カテゴリ変数の処理

　カテゴリ変数とは、数値以外もしくは数値であっても順序を持たないデータのことです。一般的に機械学習・AIモデルはカテゴリ変数をそのまま扱うことができないため、適した形に変換する必要があります。代表的な変換方法に、カテゴリを0/1の変数（ダミー変数）に変換する方法があります。

顧客ID	都道府県		東京	神奈川	埼玉
10001	東京		1	0	0
10002	神奈川		0	1	0
10003	埼玉		0	0	1

ダミー変数化

②欠損の処理

　欠損とは、何らかの理由でデータに欠落が生じている状態です。決定木のようなツリータイプのモデルは欠損があるデータを扱うことができますが、回帰タイプのモデルはあらかじめ欠損の処理を行う必要があります。処理の手法についての議論は非常に奥が深く本書のレベルを超えるため、参考文献[2][3]を参照ください。ここでは簡易的な2つの手法を紹介します。

　1つ目は、欠損を1つでも含むレコードを削除する手法です。この手法は単純かつ高速ですが、特にデータが少ない場合は貴重なサンプルを失うことになります。2つ目は、ある代表値（例えば平均値）で欠損を埋める手法です。サンプル数を減らすことなく処理ができる一方で、代表値が適当でない場合はデータにバイアスを発生させることになります。

③データスケーリング

　データスケーリングは、変数のスケールをそろえるために行います。例えば金額変数が円、百万円のように単位が異なる場合、回帰モデルの係数の解釈が難しくなります。具体的には、$y = \alpha_1 x_1 + \alpha_2 x_2 + \beta$ という回帰式が得られたとき、x_1の単位が円、x_2の単位が百万円であったとすると、α_1とα_2のスケールがまったく異なったものとなってしまいます。

　スケーリングの代表的な手法は標準化です。これは変数を平均0、標準偏差1の変数に変換する手法です。

④データ変換

　元々あるデータを変換して、よりよい特徴量を作成します。例えば緯度経度のデータはそれだけでは使い物にならないため、緯度経度を都道府県市区町村に変換する、あるいは、購買金額を購買回数で割って1回当たりの購買金額に変換するなど

の変換作業を指します。データ変換は、事業ドメインの知識が重要となる工程です。従って事業担当者と密なすり合わせを通じて行うことが望ましいです。

⑤データ削減

変数が多いデータを扱う場合、相関の強い変数同士を集約して次元を削減します。これにより、コンピュータリソースの節約、回帰モデルの安定性向上[4]、2次元への可視化が可能になります。

データ削減の手法には、「主成分分析」「多次元尺度構成法」「t-SNE」などがあります。理論の理解は数学的な知識が必要ですが、PythonやRには対応したライブラリが用意されているため、実行するためだけならば詳細を理解する必要はありません。実行方法については拙著[1]を、理論は参考文献[5]を参照ください。

上記工程を経て、分析マスターデータが完成します。もちろん、必ずしも上記工程すべてが必要なわけではなく、プロジェクトに応じて必要な処理は異なります。

※2　高井 啓二, 星野 崇宏, 野間 久史『欠測データの統計科学——医学と社会科学への応用』岩波書店（2016）
※3　高橋 将宜, 渡辺 美智子『欠測データ処理：Rによる単一代入法と多重代入法』共立出版（2017）
※4　相関の強い変数を回帰モデルに投入すると、多重共線性という現象を引き起こす可能性がある
※5　永田 靖, 棟近 雅彦『多変量解析法入門（ライブラリ新数学大系）』サイエンス社（2001）

Recipe 1.3
レシピ

基礎集計と可視化

よし！これでやっと、データ解析・AI学習の準備ができました。アルゴリズムに投入してみます

 ちょっと待ってください、データの中身を確認しましたか？

ええと、AIのアルゴリズムが適当に、うまくやってくれるという認識でしたが……？

 最近のAIアルゴリズムは、確かに自動で入力されたデータをうまく内部で処理してくれます。しかし業務内容によっては、学習モデルがブラックボックスであると困る場合がありますよ

なるほど、確かにマーケティングのような業務では、施策に対する根拠の説明を求められたりすることがありますね

 ええ、さらに学習モデルでは「冗長性の排除」といって、使用する説明変数（データ）が少ない方がいいと言われています。そのため投入変数候補を少数に絞る目的で集計や相関分析を事前に行うのです

なるほど……しかしこの作業は前処理（Recipe 1.2を参照）の前にやった方がいい気がします。集計することで欠損などが見えてくることもあると思うのですが……

 おっしゃる通りです。本書では構成の都合上プロセスを直列に並べましたが、Recipe 1.2とRecipe 1.3の工程は、双方を行ったり来たりするのが普通です。これを繰り返すことによってデータの理解と学習データの質の向上を目指します

　データの持つ特性を調べるための集計を行います。集計は、Recipe 1.2「分析マスターデータ作成」の事前と事後、両方のタイミングで行います。前者はデータの前処理方針を立てるための単純集計と欠損数の把握、後者は説明変数の検討を行うためのクロス集計や、相関を見つけるための散布図作成などを行います。

分布確認　ー　単純集計

　主にカテゴリ変数の分布を確認するために、以下のような表を作成します。

カテゴリ変数の分布確認表の例

性別	件数	構成比
男性	350	35%
女性	450	45%
不明	200	20%

年代	件数	構成比
20代	250	25%
30代	300	30%
40代	250	25%
50代	100	10%
69代超	100	10%

分布確認　ー　ヒストグラム作成

　主に数値変数の分布を確認するために、以下のようなヒストグラムを書きます。

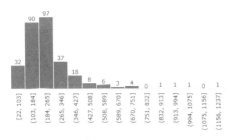

ヒストグラムの例[6]

※6　「https://www.ksp-sp.com/open_data/ranking/2020/202040.html?yw=202040」のデータを元に作成

欠損数確認

変数に含まれる欠損数、欠損率を確認します。

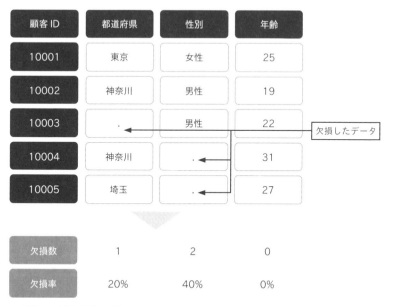

欠損数・欠損率確認の例

相関分析 ― クロス集計

2つの変量（特に予測したい変量）との相関を確認するために、クロス集計表を作成します。右上にある横％の表を見てみましょう。一番下の合計行の横％よりも高いセルを色付きにしています。この色付きのセルは、その表側属性（ここでは性別）の実現したもとで出現しやすい表頭属性（ここでは年代）を示しています。合計の横％よりも乖離が大きいほど、表側変数と表頭変数の相関が強いと考えられます。

クロス集計表の例（件数）

性別／年代	20代	30代	40代	50代	60代超	合計
男性	105	100	75	40	30	350
女性	100	200	80	40	30	450
不明	45	0	95	20	40	200
合計	250	300	250	100	100	1000

クロス集計表の例（横%）

性別／年代	20代	30代	40代	50代	60代超	合計
男性	30.0%	28.6%	21.4%	11.4%	8.6%	100.0%
女性	22.2%	44.4%	17.8%	8.9%	6.7%	100.0%
不明	22.5%	0.0%	47.5%	10.0%	20.0%	100.0%
合計	25.0%	30.0%	25.0%	10.0%	10.0%	100.0%

相関分析 ― 散布図

　数値変数同士の相関を見るために散布図を書きます。下図では数学の点数が高いほど、理科の点数が高くなる傾向がわかります。このことから数学の点数は理科の点数を予測する説明力があると期待できます。

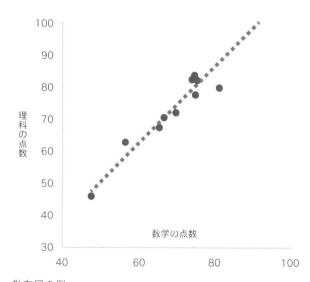

散布図の例

Recipe 1.4
レシピ

モデリング

待ちに待ったモデリング・学習フェーズです。データから、その規則やルールを学習して、モデルを構築します

モデルとは、入力に対して出力を決定するルールをデータから学習したものという認識です

大体その認識で合っています。具体的には回帰モデル、ニューラルネットワークなどのモデルがあります

このフェーズは、まさにデータ・AI業務の醍醐味ですよね

そうです。しかし実務的にはPythonやRの既存のライブラリに投入することがほとんどですので、ここではその詳細に関しては触れません

残念ですが仕方がないですね

学習アルゴリズムに関する本は沢山出ていますので、興味のある方はそちらを参照ください。本書では「実業務の中の1つの工程」としてのモデリング作業が、ビジネスとどのように関連しているかに重点を置いて概説します

　このフェーズは機械学習モデルを実行します。機械学習モデルは、主に「教師あり学習」「教師なし学習」に分けることができます。教師あり学習は、予測や分類したい教師変数がある場合に用いられます。例えば、貸したお金が返済されたか否かという教師変数を用いて将来の偏差可能性を予測するモデルを学習する場合や、売上金額という教師変数を用いて来年の売上を予測するモデルを学習する場合などです。一方、教師なし学習は、このような変数がないケースで用いられます。

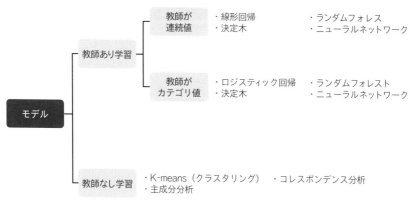

機械学習モデルの実行

　沢山の種類のモデルがありますが、どのようなときにどれを使用するのがベストなのかという一般論はありません。実務的には複数のモデルを構築し、精度や可用性、説明のしやすさなどから使用するモデルを決めます。Part 2以降のケーススタディでは、筆者らの経験上よく用いられるモデルを用いて解説をします。

評価・実装

作成したモデルをサービスやオペレーションに実装することでプロジェクトは終わりでしょうか？

そうですね……通常、データ解析系プロジェクトの場合はサービスへの適用、AI学習であると実体のあるシステムに実装することが多いです。後ほど（Part 3参照）紹介する広告効果のケースのように、作成したモデルを用いた最適化を行うというように、もうひと手間加える場合もあります

なるほど、いずれにしても作成しただけでは意味がなく、実業務へ活かすということが重要ということですね

その通りです。ところで、作成したモデルをそのまま適用・実装してしまうと問題があります

えっ、どうしてでしょうか？

例えば教師あり学習では、学習に使用したデータに特化したモデルになってしまっている可能性があります。これは過去問を丸暗記の状態に似ています

あっ、未知なる問題に対応できない！

さすがです、その通り。従って学習済みモデルが未知なるデータに対応できるかの評価をする必要がありますね

教師なし学習では評価は不要ですか？

教師あり学習のような定量的で一般的な評価方法があるわけではないですが、例えばクラスタ分析の場合は、実際にできたクラスタに含まれる件数の分布を確認するなどして有用かどうかを目検でもいいから確認したいですね。本書では、実務的に定量評価を求められる教師あり学習に絞って評価方法を紹介します。では最後のフェーズを頑張っていきましょう

実務的には複数のモデルを構築して、それぞれの評価に基づきモデルを選択します。原則、モデルの評価が重要になるのは教師あり学習であるため、本書ではそれに絞って、評価・検証方法とその指標について解説します。

評価・検証方法

モデルの検証は、学習に使用したデータとそれ以外のデータに分けて行います。なぜなら、モデルは学習に使用したデータを過剰に適用（過学習）してしまっている可能性があるため、それだけの評価では、別のデータに対しても同じ性能を持つとは言えないからです。

一般的に学習データと検証データは7:3もしくは6:4の比率で分割することが多いです。このように2つのデータセットに分割して1回モデルを作成し検証する方法を「ホールド・アウト法」と言います。

ホールド・アウト法

一方、データ数が少ない場合にデータを分割すると、学習するデータが減ってしまいます。その場合は「k-foldクロス・バリデーション」という手法を用います。この手法は、以下の手順で行います。

1. 全データを均等にk個に分割
2. k−1個の分割されたデータを選び学習データとしてモデルを構築
3. 残り1つで検証し評価指標を記録
4. 2に戻り、先ほどと異なるk−1個の分割されたデータを選び3を実行。これをk回すべてのk−1個の分割の組み合わせで実行
5. 記録したk個の評価指標の平均値をこのモデルの評価指標とする

下図で、k＝5の場合を示します。

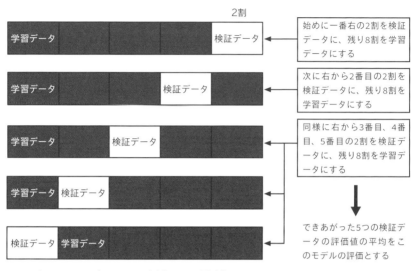

<table>
<tr><td></td><td>2割</td></tr>
</table>

学習データ ／ 検証データ	始めに一番右の2割を検証データに、残り8割を学習データにする
学習データ ／ 検証データ	次に右から2番目の2割を検証データに、残り8割を学習データにする
学習データ ／ 検証データ	同様に右から3番目、4番目、5番目の2割を検証データに、残り8割を学習データにする
学習データ 検証データ	
検証データ 学習データ	できあがった5つの検証データの評価値の平均をこのモデルの評価とする

k-foldクロス・バリデーションの例（k＝5の場合）

Part 2以降では、主にホールド・アウト法を用いて解説しています。

評価・検証指標

予測分類したい変数のタイプによって、評価・検証の指標は異なります。例えば「購買するか否か」の2値予測では、正解率や再現率、適合率、AUCなどがよく使われ、また、「購買金額」のような連続値の予測では、RMSE（Root Mean Squared Error）や決定係数などがよく使われます。

2値予測の評価指標

2値の予測値の正解率、再現率、適合率はそれぞれ以下のように定義されます。ここでは慣例に従い、2値を「正例」（例えば購買する）、「負例」（購買しない）と表現します。

【正解率】

（正例と予測して実際に正例であったものの数 ＋
負例と予測して実際に負例であったもの数）÷ 全体の例数

【再現率】
　（正例の中で本当に正例と予測されももものの数）÷ 正例数
【適合率】
　（正例と予測して実際に正例であったものの数）÷ 正例と予測したものの数

　それぞれ、以下の図で確認しましょう。なおTPは「正例（Positive）と予測して実際に正例、つまり正解（True）だったもの」、FPは「正例（Positive）と予測して実際に負例、つまり不正解（False）だったもの」という意味です。それぞれ予測値（Ppsitive/Negative）と、その結果（True/False）にアルファベットが対応しています。

正解率 ＝（TN+TP）/（全部の数）

	予測値 負例	予測値 正例
真値 負例	TN	FP
真値 正例	FN	TP

適合率＝（TP）/（FP+TP）

	予測値 0	予測値 1
真値 0	TN	FP
真値 1	FN	TP

再現率 ＝（TP）/（FN+TP）

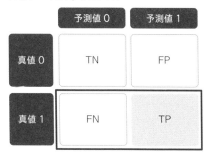

	予測値 0	予測値 1
真値 0	TN	FP
真値 1	FN	TP

正解率・再現率・適合率

　これらの指標の問題点に触れる前に、機械学習モデルがどのように2値判別の予測値を決定しているかを述べておきます。モデルの内部では、正例になりやすさの程度がそれぞれ事例ごとに算出されています。それらは0〜1の間の確率値で表現されており、0.3であれば正例である確率が30％程度あるということを意味していま

す。つまり、これらの値に対する閾値を定めることで正例／負例の予測値を決定しています。Pythonのsklearnというライブラリでは、この閾値がデフォルトで0.5となっています。

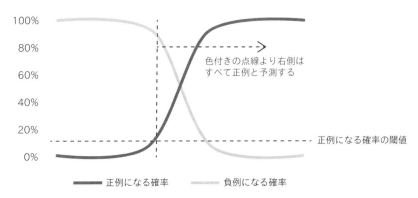

２値判別の予測値決定の仕組み

　正例が極端に多い場合（少ない場合）、すべての予測を正例（負例）とする、つまり正例になる確率の閾値を0％（100％）とすることで高くすることができます。

　例えば購買率が1％しかないものの購買を予測するモデルではすべて負例、つまり「購買しない」と予測することで99％の正解率になりますが、このモデルは実務的には使い物になりません。このような場合、実務の目的に応じて適合率や、再現率を指標として判断します。

　適合率や再現率も、正解率同様に上図の閾値によって変化し、この２つはトレードオフの関係にあります。図の閾値が一番左にあるとき再現率が100％となります。なぜならばすべて正例と予測しているため、実際の正例を取りこぼすことなく補足するからです。一方で適合率は正例の実際のデータに含まれる割合となります。徐々に右に変更していくことで、再現率は減少し、適合率は改善していきます（ただし、適合率の改善は途中で頭うちになり、必ずしも100％にはなりません）。

　適合率と再現率どちらを優先的な指標とするかは業務の内容によります。例えば健康診断のガン検診においてスクリーニングを行う場合、実際にガンである人をネガティブと判断するリスクは、実際にガンではない人をポジティブと判断するよりリスクが高いため、再現率が重視されます。再現率が100％ではない場合、ガンであるにも関わらず見逃しが発生する恐れがあります。従って再現率が100％となるような閾値の中で、一番適合率の高い閾値を設定します。

　一方でこれらの指標はモデル自体の精度を適切に評価していません。なぜならば

正解率、再現率、適合率は閾値の値に依存しているからです。ここでモデル自体の評価を、再現率と適合率のトレードオフの大きさで判断すると考えることにします。この考えを用いると、ROCカーブという曲線を描くことができます。適合率は完全に100%となることがないので、同じように再現率とトレードオフになる特異度というものを導入します。特異度は負例に対しての再現率で「負の例のうち正しく負と予測できたものの割合」です。ROCカーブは、閾値の値を変化させて得られた特異度と再現率をもとに、右軸に1－特異度、縦軸に再現率をプロットします。モデルがランダム —— すなわちまったく説明力がない場合、再現率の上昇と同じだけの量の特異度が減少するため、ROC曲線は対角線となります。よいモデルは再現率の上昇に応じての特異度の減少が少ないため、図の青い曲線のように左上に膨れた曲線となります。この膨れぐらいを定量化するために曲線下の面積AUC（Area Under Curve）を定義し、この値が大きいモデルをよいモデルと評価します。

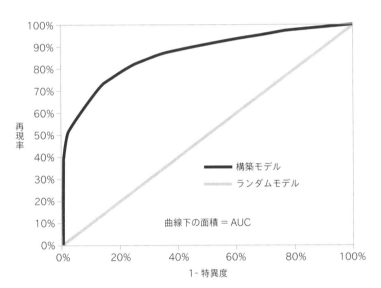

ROCカーブの例

連続値の評価指標

連続値の場合、2値の評価指標よりもっと簡単で直観的な、RMSEと呼ばれる指標を用います。RMSEは、以下の式で定義される指標です。

$$RMSE = \left(\Sigma \ (y_i - y_i')^2 \right)^{\frac{1}{2}}$$

※ただし、y_i, y_i'はそれぞれi番目のデータの実績値と予測値を表す

要するに、予測と実績の乖離幅の2乗をすべてのデータで足し合わせたものです。2乗する理由は符号の正負を無視するためです。以下の図では、グレーの5つの実データ点と予測値となる点線の垂直距離を色付きの実線で表しています。この青色の線の長さの2乗平均の平方根がRMSEです。2乗誤差（Squared Error）の平均（Mean）平方（Root）であることから、この名が付いています。

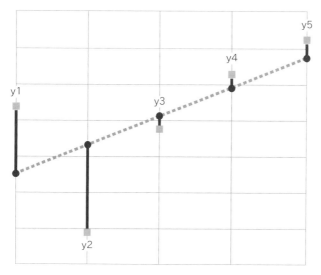

RMSEの例

RMSEの水準は元のデータのばらつきによるため、学習データと検証データの比較に用いることができますが、その数値からデータにどれほど当てはまっているかはわかりません。例えば、ばらつきが異なるデータでモデルをそれぞれ作成し、そのRMSEがほぼ同じであったとしても、データへの当てはまりもほぼ同じ程度であるとは言えないのです。データへの当てはまりの程度の指標として決定係数があります。これは

説明変数で説明可能な変動 / 全体の変動
= 1 − (説明できない変動 / 全体の変動)
= 1 − (1 − Σ (yi − y_mean)^2
  − Σ (yi^−y_mean)^2 / Σ (yi − y_mean)^2)
= Σ (yi^−y_mean)^2 / Σ (yi − y_mean)^2

と定義されます。式を覚える必要はありませんが、直観的には全体の変動のうち説明変数で説明できる変動の割合と理解してください。0に近いほど説明力がなく当てはまりが悪い、1に近いほどその逆と解釈できます。

　Part 2以降では、本パートで紹介した5つのプロセスを具体的なテーマに沿ってレシピとして解説します。プロセスとテーマのマッピングは下図の通りです。ただし、プロジェクトの特性上、必ずしもここまでで説明した一般論と合致しない、あるいはそもそも該当する工程がないケースもあることをご承知おきください。

本書で紹介するプロセスとテーマのマッピング

	プリアナリティクス	分析マスターデータ作成	可視化、基礎集計	モデリング	評価・実装
ユースケース1（例：CRMデータを活用して顧客を分類しよう）	・ローデータの確保 ・仕様書の調達	・データの名寄せ ・カテゴリ変数の数値化 ・ダミー変数化	・グラフで表示する ・統計量を把握する	・クラスタリングモデルを適用 ・kmean法 ・階層化型クラスタリング	・クラスタの集計 ・クラスタの説明を行う
ユースケース2（例：広告効果を測定しよう）	・ローデータの確保 ・仕様書の調達	・時系列データの整理	・広告投下量と売上の相関表 ・散布図記述	・回帰分析モデル ・重回帰分析モデル	・モデルより最適な広告戦略を立案
ユースケース3（例：CPの対象者を見つけよう）	・ローデータの確保 ・仕様書の調達	・過去キャンペーンデータの整理	・過去CP反応者と非反応者の違いをクロス集計	・反応率予測モデルロジスティック回帰 ・反応因子特定	・予測モデルの精度検証
ユースケース4（例：調査データを使って市場把握しよう）	・ローデータの確保 ・仕様書の調達	・市場調査データの準備・整形	・グランドトータル集計 ・クロス集計を行う	・製品・イメージマップをコレスポンデンス分析で行う	
ユースケース5（例：商品や製品の推薦を行おう）	・ローデータの確保 ・仕様書の調達	・IDPOSや製品販売データの準備	・商品間の相関分析	・協調フィルタリング	

Part 2

顧客データ

クラスタリング分析モデル

Part 2 introduction

顧客データを分類して業務改善したい

Part 2では、機械学習技術を使用して、顧客データを分類し、業務改善の例を示しながら、顧客のセグメンテーションの代表的な手法の1つである「クラスタリング」について解説します。

ちょっと仕事で頼みがあるのだが。いいかな

はい。どういう内容でしょうか

他部署から、会社の顧客データを使って何かできないかと依頼があってね。データから有益な情報が得られれば、会社としてその情報を業務に活用したいそうだ

なるほど……データはどこから取得すればいいでしょうか

そうだな、隣のシステム課では、会社のメインシステムを取り扱っている。データをファイルに落としてきてもらうように依頼しておくよ

わかりました

　例えばマーケティングにおいて顧客を対象としたプロモーションを考える場合、どういったニーズの顧客が考えられるかということを事前に把握しておいた方が、より的確な施策が可能となるでしょう。Part 2では、事前調査として顧客のセグメント化を検討します。顧客セグメンテーションの代表的な手法の1つとして「クラスタリング」を紹介します。

Recipe 2.1
レシピ

顧客データの準備

用途例 分析前に仕様書でデータ形式や入力内容を確認する

☑ データテーブルの中で必要な項目を考えよう

☑ 主キーの役割を確認しよう

部長、先日お話しいただいた、データ抽出はもう終わっていますでしょうか

 データの抽出が終わって保存してあるよ。それから、これがデータファイルの仕様書だ。これを見ながら作業を進めてほしい

仕様書ですか。何に使えばいいのでしょう？

 データファイルの仕様書には、各項目の仕様（数字／文字列）の定義や入力値等が記載されている。最初のステップはデータの仕様書を見て、概要を把握することだね

はい。では早速仕様書を確認します

仕様書の確認

　まずは、顧客データの収集です。顧客データは、企業内の基幹系システムやこれに関連するサブシステム等に溜まっているケースがあります。分析者は、分析の中でどのテーブルのどのような項目が必要かを考え、必要なデータを確保する必要があります。分析者自身がデータに直接アクセスできない場合は、担当のシステム管理者等と連絡を取り、必要なデータを抽出してもらいます。

　データテーブルには、一般にテーブル定義書やデータの仕様書というものが存在

します。これらはデータの形式や入力内容を定義するものです。必要な情報が含まれた資料については、分析開始前に確認しておくことが望ましいでしょう。

　分析の内容によっては、社外のデータも必要となるケースもあるかもしれません。その場合も、確認の手順は同じです。必要なデータを受領し、テーブル定義書、データ仕様書等をデータの抽出先に提出してもらうように依頼します。次表でテーブル定義書の例を示します。

テーブル定義書の例

#	項目名	ラベル名	データ型	長さ	主キー	備考
1	顧客番号	kokyaku_no	varchar	10	●	
2	顧客名	kokyaku_name	char	40		
3	性別	sex	char	2		
4	生年月日	seinenngappi	varchar	8		yyyymmdd
5	郵便番号	yubinnbanngou	varchar	7		
6	契約日	keiyaku_day	varchar	8		yyyymmdd
7	契約番号	keiyaku_no	varchar	10	●	
8	商品コード	shohin_code	varchar	5		
9	購入数	kounyuusu	int	4		
10	更新日時	koushinnichiji	varchar	8		yyyymmdd

　テーブル定義書等から、分析開始前にデータの仕様を押さえておきます。

　上表にある「主キー」とは、データのレコードを特定するためのキー項目を示しています。上の仕様書例では、「顧客番号」「契約番号」の2つの項目で各レコードを一意に決めることができるということを示しています。言い換えると、「顧客番号」「契約番号」の2つの項目がまったく同じレコードは、データ中に複数存在しないという意味になります。

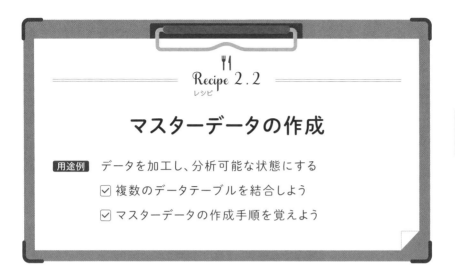

マスターデータの作成

用途例 データを加工し、分析可能な状態にする

☑ 複数のデータテーブルを結合しよう

☑ マスターデータの作成手順を覚えよう

 データの確認が終わったようだね。では、早速分析を進めてほしい

データの分析はやったことがないのですが、どう進めたらいいでしょうか

 うん、チームリーダーのBさんが詳しいから、Bさんに話をしておくよ。困ったら、Bさんと相談しながら進めてほしい

わかりました

 部長から顧客データの分析を依頼されたらしいね。サポートするよう指示があったよ

是非お願いします！……で、まず何をすればいいでしょうか

 データの準備が終わったのであれば、分析のマスターデータを作成しようか

マスターデータとはなんでしょうか

機械学習モデルに投下する前の前処理をしたデータのことだね。そのままだと機械学習モデルに投下することができないんだ。順を追って説明するよ

顧客データの内訳

　顧客データとは、企業等が保有する顧客情報データを指します。場合によっては、顧客データを使用してマーケティング等の施策を実施するケースもあるでしょう。

　企業内で管理されている顧客データの場合、1つのテーブル内にすべての情報が入力されているケースは稀です。情報の種類や目的、用途に応じて複数のテーブルにまたがって管理されることが一般的で、そのままでは分析に使用できません。

　ここでは、複数のテーブルにまたがる顧客データを結合し、分析に必要なマスターデータを作成する手順を概説します。なお、使用するファイル項目やデータはすべてダミーです。

クレジットカードの例

　クレジットカードを例に考えてみます。クレジットカードの場合は、顧客が複数枚のカードを保有しているというケースもあるでしょう。ここでは、クレジットカードの情報が利用目的に応じて、以下の3つのファイルに分かれてデータベースに保存されているケースを考えてみます。

1 顧客情報 ― 顧客の属性情報
2 契約情報 ― クレジットカードの契約情報
3 利用情報 ― クレジットカードの利用履歴

　それぞれのファイルレイアウトは、以下の通りです。

1 顧客情報

#	項目名
1	顧客番号
2	顧客名
3	性別
4	生年月日
5	データ更新日

2 契約情報

#	項目名
1	顧客番号
2	カード番号
3	契約日
4	カード限度額（利用可能額）
5	カード利用額
6	データ更新日

3 利用情報

#	項目名
1	カード番号
2	1回払い/分割払い
3	利用日
4	利用額

ファイルレイアウトの例

各ファイルのデータの項目例を下図に示します。

1 顧客情報

顧客番号	顧客名
101	A
102	B

2 契約情報

顧客番号	カード番号	契約日
101	1001	20190304
101	1002	20170506
102	1004	20180607
102	1006	20181213
102	1007	20200405

3 利用履歴

カード番号	利用日	利用額	カード番号	利用日	利用額
1001	20191002	5,000	1001	20201127	50,000
1001	20200808	2,000	1002	20201102	200
1001	20200901	100	1002	20201118	400
1001	20200911	1,000	1004	20190201	500
1001	20201008	2,000	1004	20190504	20,000
1001	20201012	40,000	1004	20200101	3,000
1001	20201111	10,000	1006	20190323	6,700
1001	20201115	3,000			

データの項目例

上の例では、2人分の顧客情報を記載しています。顧客A、顧客Bそれぞれの情報は色を分けて示しました。各テーブルで、顧客Aと顧客Bの情報のレコード数が異なっているのがわかります。

例えば、上の例で顧客それぞれの月別利用額を調査したいとします。この場合、3つのファイルを結合し、必要な項目を集約する必要があります。

まずは、3ファイルを結合します。なお、本書では、Google Drive上のMy Drive内に必要なデータを配置したものとして、読み込みを実行します。

コード ファイルの結合

```
import pandas as pd

# 顧客情報読み込み
kokyaku = pd.read_csv('drive/My Drive/顧客情報.csv',
```

Google Drive上のMy Driveにあるデータを参照

```
                      encoding = 'shift-jis')
# 契約情報読み込み
keiyaku = pd.read_csv('drive/My Drive/契約情報.csv',
                      encoding = 'shift-jis')
# 利用履歴読み込み
riyo_ri = pd.read_csv('drive/My Drive/利用履歴.csv',
                      encoding = 'shift-jis')

# 顧客情報に契約情報を結合
kokyaku_keiyaku = pd.merge(kokyaku, keiyaku,
                           on='顧客番号', how='left')

# さらに利用履歴を結合
kokyaku_riyo_ri = pd.merge(kokyaku_keiyaku, riyo_ri,
                           on='カード番号', how='left')

# データの確認
kokyaku_riyo_ri
```

出力

	顧客番号	顧客名	カード番号	契約日	利用日	利用額
0	101	A	1001	20190304	20191002	5000
1	101	A	1001	20190304	20200808	2000
2	101	A	1001	20190304	20200901	100
3	101	A	1001	20190304	20200911	1000
4	101	A	1001	20190304	20201008	2000
5	101	A	1001	20190304	20201012	40000
6	101	A	1001	20190304	20201111	10000
7	101	A	1001	20190304	20201115	3000
8	101	A	1001	20190304	20201127	50000
9	101	A	1002	20170506	20201102	200
10	101	A	1002	20170506	20201118	400
11	102	B	1004	20180607	20190201	500
12	102	B	1004	20180607	20190504	20000
13	102	B	1004	20180607	20200101	3000
14	102	B	1006	20181213	20190323	6700
15	102	B	1007	20200405	NaN	NaN

欠損値

顧客情報に契約情報を結合する際は「顧客番号」を、さらに利用履歴を結合する際は「カード番号」をキーとして結合しています。これにより、顧客情報では「顧客番号」、契約情報では「カード番号」がユニークキーとなっています。

ファイル同士を結合する際は、キーとなる情報が片方のテーブルでユニークとなっていることが望ましいです。ファイルによっては、キーとなる情報が両方のテーブルでユニークとならないこともありますが、その場合は分析者の意図に関わらず、結果のデータ数が膨らむことがあるため、留意する必要があります。

出力結果の15番目の利用日、利用額は欠損値（NaN）となっています。これは、契約情報では「カード番号：1007」のレコードが存在するのに対し、利用情報では「カード番号：1007」の利用情報が存在しないことが原因です。結合時に、キーとなる情報が片側しか存在しない場合は、結合すると該当する項目が欠損値となります。このようにデータ結合の際は、欠損値が発生するケースがあります。処理中に欠損値を除外することも可能です。

～完成～

顧客ごとに、利用した期間の月別利用額を算出してみましょう。

コード 月別利用額の算出

```
# 利用月という項目を作成
kokyaku_riyo_ri['利用月'] = kokyaku_riyo_ri['利用日']\
.dropna(axis=0).astype(str).str[:6]

# 顧客名と利用月で利用額を集約
kokyaku_riyo_ri.groupby(['顧客名', '利用月']).sum().利用額
```

出力

顧客名	利用月	
A	201910	5000
	202008	2000
	202009	1100
	202010	42000
	202011	63600

```
         B     201902        500
               201903       6700
               201905      20000
               202001       3000
```

顧客の年月別の利用額が出力されました。

上記の結果から、例えば直近でよく利用している顧客なのかそうでないのか、利用額が増えているのか減っているのかなどを確認することができます。

マスターデータの作成手順

マスターデータは、以下の手順で作成します。なお、順番は必ずしも以下に従う必要はありません。

1 分析に必要な項目とデータを考察

分析する前にどの項目が必要か、加工処理は何をすればいいのかを考えます。

2 項目がどのテーブルに存在するかを確認

1で特定した項目が、どのテーブルに存在するかを確認します。

3 必要に応じてテーブル同士を結合

必要な項目が別々のテーブルに存在している場合は、テーブル同士を結合します。結合の際は、各テーブルのキー項目をテーブル定義書等で確認します。

4 分析のマスターデータの完成

結合したデータに必要な処理を施し、マスターデータとします。

Recipe 2.3
レシピ

データの基礎集計と可視化

用途例 データの基礎統計量を表示する

☑ 「matplotlib」を使ってみよう

☑ データの度数分布等を表で可視化しよう

 マスターデータができたようだね

はい、できました。データの結合のところが肝でした

 うん。では続いて、作成したマスターデータの基礎集計と可視化をやってもらえるかな

基礎集計と可視化はなぜ必要なのですか

 基礎集計と可視化を行うことで、データの概要がつかめるんだ。それから、作成したマスターデータが違和感ないものか、結合処理を確認するという意味もあるね

なるほど……データの可視化はどうすればいいでしょうか

 Pythonには、matplotlibというデータを可視化する描画ライブラリがある。それを使ってデータを可視化してみよう

データの準備

　ここからは、機械学習・データサイエンスのコミュニティkaggle[※]の「Credit Card Dataset for Clustering」で提供されているデータを使用します。下記のアドレスにアクセスして、データをダウンロードします。

URL https://www.kaggle.com/arjunbhasin2013/ccdata?select=CC+GENERAL.csv

[※]「kaggle」は、全世界のデータサイエンティストがデータ分析手法技術を競い合うプラットフォーム。運営するkaggle社のサイトには、さまざまなオープンデータが常時公開されている。なお、ダウンロードするにはサインインが必要

　データセット「CC GENERAL.csv」は、6カ月間／約9,000件のアクティブなクレジットカード保有者の利用行動データです。

データ項目の定義

　データ項目の定義は、以下の通りです。

#	項目名	項目ラベル
1	CUST_ID	顧客ID
2	BALANCE	ユーザーのクレジットカード残高
3	BALANCE_FREQUENCY	残高が更新される頻度、スコアは0〜1（1＝頻繁に更新、0＝頻繁に更新されない）
4	PURCHASES	購入額
5	ONEOFF_PURCHASES	1回あたりの最大購入額
6	INSTALLMENTS_PURCHASES	分割払いでの購入額
7	CASH_ADVANCE	キャッシング
8	PURCHASES_FREQUENCY	購入の頻度、スコアは0〜1（1＝頻繁に購入、0＝頻繁に購入しない）
9	ONEOFF_PURCHASES_FREQUENCY	1回払いの頻度、スコアは0〜1（1＝頻繁に購入、0＝頻繁に購入しない）
10	PURCHASES_INSTALLMENTS_FREQUENCY	分割払いの頻度（1＝頻繁に行われる、0＝頻繁に行われていない）
11	CASH_ADVANCE_FREQUENCY	キャッシングの使用頻度、スコアは0〜1（1＝頻繁に行われる、0＝頻繁に行われていない）
12	CASH_ADVANCE_TRX	キャッシングの取引数
13	PURCHASES_TRX	購入取引数
14	CREDIT_LIMIT	ユーザーのクレジットカードの限度額
15	PAYMENTS	ユーザーの支払額

#	項目名	項目ラベル
16	MINIMUM_PAYMENTS	ユーザーによる支払の最小額
17	PRC_FULL_PAYMENT	ユーザーの全額支払いの割合
18	TENURE	ユーザーのクレジットカードサービスの期間

データをMy Driveに配置したら、読み込みを実行します。

コード データの読み込み

```python
import pandas as pd
CC_GENERAL = pd.read_csv('drive/My Drive/CC GENERAL.csv')
```

データの先頭5行を抽出してみます。

コード CC GENRAL.csv先頭5行の出力

```python
CC_GENERAL.head()
```

出力

```
      CUST_ID      BALANCE   BALANCE_FRE   PURCHASES   ONEOFF_PURC   INSTALLMENTS
                                 QUENCY                     HASES     _PURCHASES
0     C10001    40.900749      0.818182        95.4            0           95.4
1     C10002  3202.467416      0.909091           0            0              0
2     C10003  2495.148862             1      773.17       773.17              0
3     C10004  1666.670542      0.636364        1499         1499              0
4     C10005   817.714335             1          16           16              0

      CASH_ADVANC   PURCHASES_F   ONEOFF_PURC   PURCHASES_I   CASH_ADVANC   CASH_ADVANC
                E     REQUENCY   HASES_FREQU   NSTALLMENTS   E_FREQUENCY        E_TRX
                                       ENCY    _FREQUENCY
0               0      0.166667             0      0.083333             0             0
1     6442.945483             0             0             0          0.25             4
2               0             1             1             0             0             0
3      205.788017      0.083333      0.083333             0      0.083333             1
4               0      0.083333      0.083333             0             0             0
```

	PURCHASES_TRX	CREDIT_LIMIT	PAYMENTS	MINIMUM_PAYMENTS	PRC_FULL_PAYMENT	TENURE
0	2	1000	201.802084	139.509787	0	12
1	0	7000	4103.032597	1072.340217	0.222222	12
2	12	7500	622.066742	627.284787	0	12
3	1	7500	0	NaN	0	12
4	1	1200	678.334763	244.791237	0	12

基礎統計量の確認

基礎統計量を確認します。以下のコードを実行します。

コード 基礎統計量の確認

```
CC_GENERAL.describe().T
```

出力

	count	mean	std	min	25%	50%	75%	max
BALANCE	8950	1564.474828	2081.531879	0	128.281915	873.385231	2054.140036	19043.13856
BALANCE_FREQUENCY	8950	0.877271	0.236904	0	0.888889	1	1	1
PURCHASES	8950	1003.204834	2136.634782	0	39.635	361.28	1110.13	49039.57
ONEOFF_PURCHASES	8950	592.437371	1659.887917	0	0	38	577.405	40761.25
INSTALLMENTS_PURCHASES	8950	411.067645	904.338115	0	0	89	468.6375	22500
CASH_ADVANCE	8950	978.871112	2097.163877	0	0	0	1113.821139	47137.21176
PURCHASES_FREQUENCY	8950	0.490351	0.401371	0	0.083333	0.5	0.916667	1
ONEOFF_PURCHASES_FREQUENCY	8950	0.202458	0.298336	0	0	0.083333	0.3	1
PURCHASES_INSTALLMENTS_FREQUENCY	8950	0.364437	0.397448	0	0	0.166667	0.75	1
CASH_ADVANCE_FREQUENCY	8950	0.135144	0.200121	0	0	0	0.222222	1.5
CASH_ADVANCE_TRX	8950	3.248827	6.824647	0	0	0	4	123
PURCHASES_TRX	8950	14.709832	24.857649	0	1	7	17	358
CREDIT_LIMIT	8949	4494.44945	3638.815725	50	1600	3000	6500	30000
PAYMENTS	8950	1733.143852	2895.063757	0	383.276166	856.901546	1901.134317	50721.48336
MINIMUM_PAYMENTS	8637	864.206542	2372.446607	0.019163	169.123707	312.343947	825.485459	76406.20752
PRC_FULL_PAYMENT	8950	0.153715	0.292499	0	0	0	0.142857	1
TENURE	8950	11.517318	1.338331	6	12	12	12	12

　データに欠損値が含まれているかを確認します。欠損値を含むデータでは、機械学習モデルを作成する際にエラーとなる場合があります。欠損値が発生する要因としては、例えばデータ入力時の担当者のオペレーションミス、顧客データを管理するシステムの仕様など、さまざまです。

　欠損値は、機械学習モデルに投下する前に処理する必要がある場合が多いです。データの仕様上、欠損値が何らかの意味を持つような場合は、近しい値を補間するなどの考慮が必要なケースもあります。

　以下のコードを実行して、欠損値の有無を確認しましょう。

コード 欠損値の有無の確認

```
CC_GENERAL.isnull().sum()
```

出力

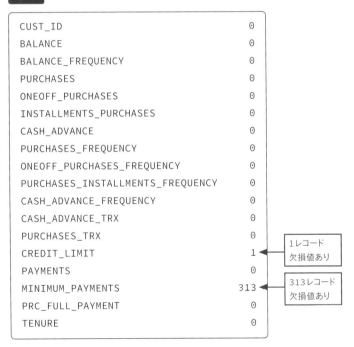

```
CUST_ID                             0
BALANCE                             0
BALANCE_FREQUENCY                   0
PURCHASES                           0
ONEOFF_PURCHASES                    0
INSTALLMENTS_PURCHASES              0
CASH_ADVANCE                        0
PURCHASES_FREQUENCY                 0
ONEOFF_PURCHASES_FREQUENCY          0
PURCHASES_INSTALLMENTS_FREQUENCY    0
CASH_ADVANCE_FREQUENCY              0
CASH_ADVANCE_TRX                    0
PURCHASES_TRX                       0
CREDIT_LIMIT                        1     ← 1レコード
                                           欠損値あり
PAYMENTS                            0
MINIMUM_PAYMENTS                  313     ← 313レコード
                                           欠損値あり
PRC_FULL_PAYMENT                    0
TENURE                              0
```

　上の出力結果から、「CREDIT_LIMIT」に1レコード、「MINIMUM_PAYMENTS」に313レコード、欠損値が存在しています。今回は、欠損値を中央値に補間することにします。

コード 欠損値の補間

```python
CC_GENERAL.fillna(CC_GENERAL.median())
```

∽完成∽

変数分布の確認

変数分布を確認します。CC GENRAL.csvは、「CUST_ID」以外の項目はすべて数値変数となります。変数の分布に隔たりがないかを、箱ひげ図を使用して確認します。

コード 変数分布の確認

```python
#箱ひげ図の作成
#numpy,matplotlibの呼び出し
import numpy as np
import matplotlib.pyplot as plt

#必要項目
CC_GENERAL_boxplot = CC_GENERAL.drop("CUST_ID", axis=1)

#プロットエリアの指定
fig = plt.figure(figsize=(20, 40))

#グラフの出力
for i in np.arange((CC_GENERAL_boxplot.shape[1])):
    plt.subplot(9,3,i+1)
    plt.boxplot(CC_GENERAL_boxplot.dropna().iloc[:,i])
    plt.title(CC_GENERAL_boxplot.columns[i])
```

出力

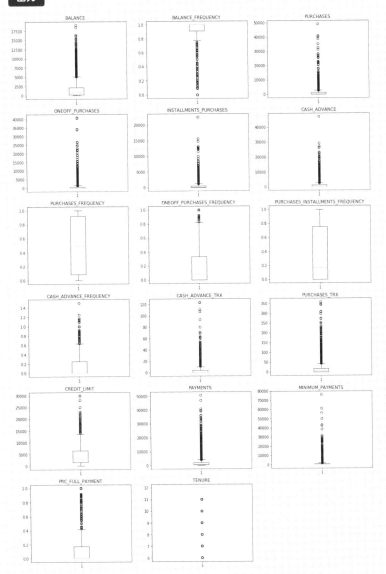

箱ひげ図は、以下のように読み取ります。

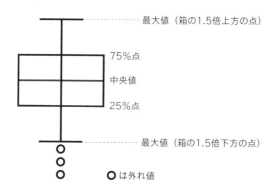

箱ひげ図の読み方

データ分布の確認

さらに、ヒストグラムを作成し、データの分布を確認します。

コード データ分布の確認

```python
#プロットエリアの指定
fig = plt.figure(figsize=(17, 40))

#グラフの出力
for i in np.arange((CC_GENERAL_plt.shape[1])):
    plt.subplot(9,3,i+1)
    plt.hist(CC_GENERAL_plt.dropna().iloc[:,i], bins=10)
    plt.title(CC_GENERAL_plt.columns[i])
```

出力

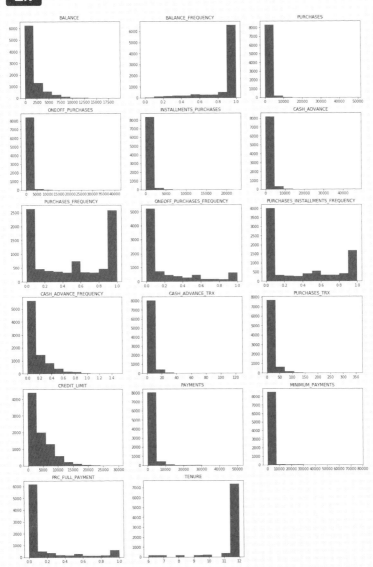

Recipe 2.4
レシピ

クラスタリングの実行

用途例 顧客のセグメンテーションを行う

☑ 階層クラスタリング／非階層クラスタリングについて
学ぼう

☑ k-平均法を実行してみよう

可視化したおかげでデータがいろいろ確認できました！ここからどのように分析
を進めればよいでしょうか

そうだね、いったん顧客のセグメンテーションをしてみるか。セグメンテーションの
方法としては、機械学習の代表的な手法の1つ「クラスタリング」でやってみよう。
クラスタリングには、大きく分けて階層クラスタリングと非階層クラスタリングとい
う手法がある。それぞれ実行してみてもらえるかな

了解しました

結果を見て、どういうセグメンテーションができたか、セグメンテーション結果から
何か生かせる情報がないか考えてほしい

クラスタリングをやってみて、結果を見てみます

うん、それができたら部長に報告だね

クラスタリング

　「クラスタリング」とは、ばらばらなデータの集団をまとめ、データをセグメンテーションする機械学習手法で、教師なし学習（Recipe 1.4参照）の代表的な手法の1つとなります。クラスタリングは、大きく分けて「階層クラスタリング」と「非階層クラスタリング」の2つに分類されます。

階層クラスタリング

　階層クラスタリングは、以下の手順でセグメンテーションをします。

> ❶最も似ているグループを1つのグループにまとめる
> ❷まとめたグループを1つのグループとして、さらに最も似ているグループ同士を検索し、1つのグループにまとめる
> ❸❷をグループが1つになるまで繰り返す

　下図に階層クラスタリングのイメージを示します。❶で最も距離が近いものはAとBなので、AとBを1つのグループにまとめます。❷では、グループA、BとDをまとめ、最後の❸でCもまとめています。

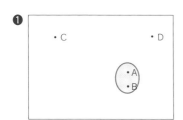
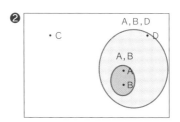
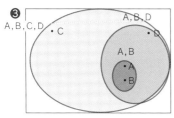

階層クラスタリングのイメージ

階層クラスタリングの過程を図で表したものを、デンドログラム（樹形図）と呼びます。

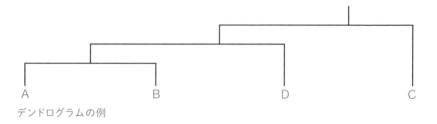

デンドログラムの例

非階層クラスタリング

　階層クラスタリングは、データの件数が多くなると計算量が多くなり、処理に時間がかかるという欠点があります。一方、非階層クラスタリングと呼ばれる手法を使用すると、階層クラスタリングに比べて少ない計算量で、セグメンテーションすることが可能です。非階層クラスタリングでは、あらかじめセグメンテーション化する集団の個数を決めておき、その個数のクラスタにデータを割り当てます。階層クラスタリングのように、階層の構造にはなりません。実務で使用されるデータを利用した分析では、非階層クラスタリングが利用されることが多いです。

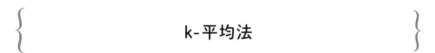

k-平均法

　非階層クラスタリングの代表的な例として、「k-平均法」という手法があります。k-平均法は、以下の手順で顧客データをセグメントテーションします。

---

❶セグメンテーション化する集団の個数を決める（k個）。ランダムにk個の中心を決める（クラスタの中心を決める）
❷すべてのデータを最も近い中心に割り当てる
❸各中心に割り当てられたデータを平均し、その中心を平均値に移動する
❹❷と❸を中心の移動がなくなるまで繰り返す

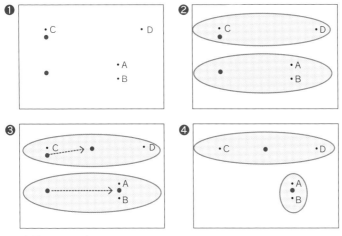

k-平均法のイメージ

k-平均法による実行例

　Recipe2.3で使用した、クレジットカード保有者の利用行動データを利用してk-平均法を試してみましょう。まずはイメージをつかむため、以下の2つの変数でk-平均法を試してみます。クラスタの分割数は4とします。

> **1** PURCHASES_FREQUENCY：購入頻度
> **2** CASH_ADVANCE_FREQUENCY：キャッシング利用頻度

コード k-平均法の実行

```
from sklearn.cluster import KMeans
import seaborn as sns
import numpy as np

# 2変数の選択
CC_GENERAL_a = np.array(CC_GENERAL[['PURCHASES_FREQUENCY',
                                    'CASH_ADVANCE_FREQUENCY']])

# k-平均法の実行
predict = KMeans(n_clusters=4).fit_predict(CC_GENERAL_a)
```

```
CC_GENERAL['cluster_id'] = predict

# 結果を表示
sns.relplot(x='PURCHASES_FREQUENCY',
            y='CASH_ADVANCE_FREQUENCY',
            hue='cluster_id',
            palette='rainbow',
            data=CC_GENERAL)
```

出力

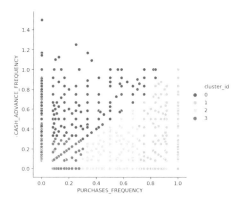

結果の図を確認すると、各クラスタで以下の傾向が見えてきます。

✓ cluster_id 0：購入頻度多い
✓ cluster_id 1：購入頻度少ない、キャッシング頻度少ない
✓ cluster_id 2：購入頻度中程度、キャッシング頻度少ない
✓ cluster_id 3：キャッシング頻度多い

　このように、クラスタリングは教師なし学習のため、出力結果について傾向の確認と内容を吟味する必要があります。上記でクラスタの分割数を変更した場合、異なる出力結果になります。

k-平均法による顧客分類
　いくつかの変数を使用して、k-平均法による顧客分類をやってみましょう。使用する項目は以下とします。

■ PURCHASES_FREQUENCY：購入頻度

■ ONEOFF_PURCHASES_FREQUENCY：1回払いの頻度

■ PURCHASES_INSTALLMENTS_FREQUENCY：分割払いの頻度

■ CASH_ADVANCE_FREQUENCY：キャッシングの使用頻度

■ CREDIT_LIMIT：ユーザーのクレジットカードの限度額

コード　k-平均法による顧客分類

```
from sklearn import preprocessing

# 変数の選択
CC_GENERAL_b = CC_GENERAL[['PURCHASES_FREQUENCY',
                          'ONEOFF_PURCHASES_FREQUENCY',
                          'PURCHASES_INSTALLMENTS_FREQUENCY',
                          'CASH_ADVANCE_FREQUENCY',
                          'CREDIT_LIMIT'
                          ]].fillna(0)

#各項目を標準化（平均を0、標準偏差を1とする）
CC_GENERAL_c = preprocessing.scale(CC_GENERAL_b)

# k-平均法の実行
# クラスタ数：5
cls = KMeans(n_clusters=5, random_state=111)
predict = cls.fit_predict(CC_GENERAL_c)
CC_GENERAL_b['cluster_id'] = predict
```

　上記の例では、クラスタの数を5としました。クラスタの数には、これといった正解があるわけではありません。実際には、出力結果を確認しながら、目的に応じてよりよい分割数を探していくことになります。項目を対数変換するなどの変数の加工や、初期状態の乱数のシードを変えるなどで、さらにうまく分かれるようになる場合があります。

　今回のコードでは、クラスタリングの実行の手前で、各項目の標準化（平均0、標準偏差1の分布）を実行しています。k-平均法では、ユークリッド距離を利用してデータ間の距離が計算されるため、項目間の単位が異なるとうまく分割されない場合があります。この処理は、必ずしも必須というわけではありませんが、変数の分布をそろえておくことで、うまく分割されることがあるため、覚えておくとよいでしょう。

～完成～

クラスタと各項目の分布をプロットして、確認してみます。

コード 分布の確認

```python
import matplotlib.pyplot as plt

plt.figure(figsize=(40, 20))
sns.pairplot(CC_GENERAL_b, hue='cluster_id', ⏎
markers='.',
            size=3, palette='rainbow')
```

出力

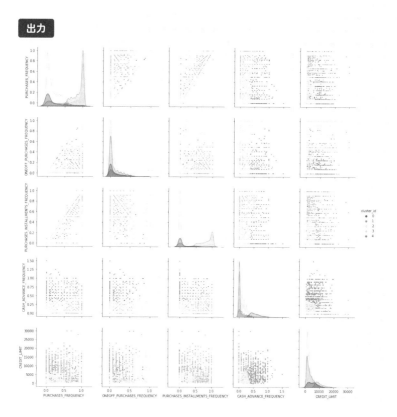

さらに各クラスタの特徴を確認するため、各項目の平均値を出力します。

コード 平均値の出力

```
grouped = CC_GENERAL_b.groupby('cluster_id')
grouped.mean()
```

出力

	PURCHASES_F REQUENCY	ONEOFF_PURC HASES_FREQU ENCY	PURCHASES_I NSTALLMENTS _FREQUENCY	CASH_ADVANC E_FREQUENCY	CREDIT_LIMIT
cluster_id					
0	0.1748	0.0927	0.0911	0.5624	5448.7412
1	0.8822	0.0888	0.8311	0.0503	3240.1796
2	0.9240	0.8096	0.5345	0.0794	6914.3357
3	0.1558	0.0845	0.0690	0.0999	2649.0016
4	0.3126	0.1344	0.1951	0.1081	10527.5240

各クラスタの件数を確認します。

コード クラスタ件数の確認

```
CC_GENERAL_b['cluster_id'].value_counts().sort_index()
```

出力

```
0    993
1   2467
2   1374
3   3302
4    814
```

その他、クラスタリングに使用した項目の分布を確認したい場合は、以下のコードを実行します。ここでは、「cluster_id = 4」を表示します。

コード 分布の確認

```
# cluster_id=4
CC_GENERAL_b_4 = CC_GENERAL_b.query('cluster_id == 4')\
.drop('cluster_id', axis=1)


#プロットエリアの指定
fig = plt.figure(figsize=(17, 40))

#グラフの出力
for i in np.arange((CC_GENERAL_b_4.shape[1])):
    plt.subplot(9,3,i+1)
    plt.hist(CC_GENERAL_b_4.dropna().iloc[:,i], bins=10)
    plt.title(CC_GENERAL_b_4.columns[i])
```

出力

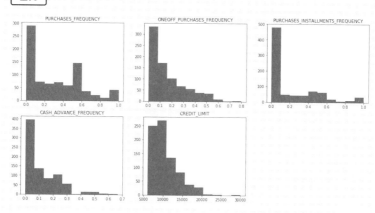

階層クラスタリングによる顧客分類

　分析するデータのレコード数がそれほど多くない場合は、階層クラスタリングでも実行可能となるケースがあります。k-平均法を実行した際と同じデータを使用して、階層クラスタリングの実行例を示します。

コード 階層クラスタリングの実行

```python
from scipy.cluster.hierarchy import linkage,dendrogram,cut_tree

# 変数の選択
CC_GENERAL_b_2 = CC_GENERAL[['PURCHASES_FREQUENCY',
                             'ONEOFF_PURCHASES_FREQUENCY',
                             'PURCHASES_INSTALLMENTS_FREQUENCY',
                             'CASH_ADVANCE_FREQUENCY',
                             'CREDIT_LIMIT'
                             ]].fillna(0)


#各項目を標準化(平均を0、標準偏差を1とする)
CC_GENERAL_c_2 = preprocessing.scale(CC_GENERAL_b_2)

CC_GENERAL_c_cls = linkage(CC_GENERAL_c_2,
                           metric='euclidean', method='ward')
dend = dendrogram(CC_GENERAL_c_cls)
```

出力

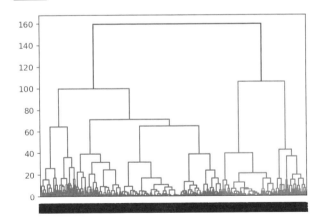

　デンドログラムが表示されました。今回の実行例では、「metric='euclidean',
method='ward'」で実行していますが、metricとmethodの引数には、他にも選
択可能です。詳細は以下のサイトを参照してください。

◆ metric

URL https://docs.scipy.org/doc/scipy/reference/generated/scipy.cluster.hierarchy.
linkage.html#scipy.cluster.hierarchy.linkage

◆ distance

URL https://docs.scipy.org/doc/scipy/reference/spatial.distance.html

∽∽ 完 成 ∽∽

階層クラスタリングでは、任意の分割数を選択可能ですが、今回は分割数を5とし、散布図を表示します。

コード 分布の確認

```
#クラスタの数は5とする
CC_GENERAL_cuttree = cut_tree(CC_GENERAL_c_cls, n_
clusters = 5)

#元のデータにクラスタ番号を付与
CC_GENERAL_b_2['CLUSTER_ID'] = CC_GENERAL_cuttree

#図表の出力
sns.pairplot(CC_GENERAL_b_2, hue='CLUSTER_ID', markers='.',
             size=3, palette='rainbow')
```

出力

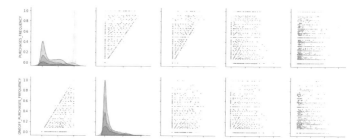

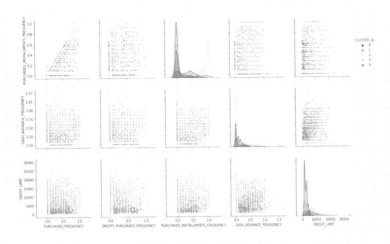

コード 平均値・クラスタ件数の確認

```python
grouped = CC_GENERAL_b_2.groupby('cluster_id')
grouped.mean()

CC_GENERAL_b_2['cluster_id'].value_counts().sort_index()
```

出力

● 項目の平均値

	PURCHASES_F REQUENCY	ONEOFF_PURC HASES_FREQU ENCY	PURCHASES_I NSTALLMENTS _FREQUENCY	CASH_ADVANC E_FREQUENCY	CREDIT_LIMIT
cluster_id					
0	0.2380	0.1077	0.1378	0.1004	2167.7368
1	0.2079	0.1048	0.1054	0.1175	7775.5920
2	0.9538	0.8493	0.5727	0.0363	7461.1190
3	0.9460	0.0801	0.9075	0.0163	3690.0275
4	0.4736	0.2035	0.3415	0.5190	5302.5000

● 各クラスタの件数

```
0    3349
1    1556
2    1061
3    1784
4    1200
```

k-平均法とはやや異なる結果が出力されました。今回の例では、k-平均法と比較して階層クラスタリングの方が、より均等にデータが分割されました。階層クラスタリングの分析結果の考察は、Recipe 2.5で概説します。

Recipe 2.5
レシピ

分析報告書類の作成

用途例 分析結果を吟味してレポートにまとめる

☑ レポートに必要な項目を確認しよう

☑ 提出先に合わせて内容を精査しよう

この前の顧客分析の件、どうなったかな？

クラスタリングまで終わって、部長にお話ししました。結果を資料にまとめて報告するように、とのことです

そうか。報告資料の作成の方は順調？

いえ……分析結果まではできたのですが、資料はどうまとめたらいいか迷っています

これまで分析したものを、順を追って資料化していこう。それから部長は、もともとデータ分析に関わったことのある方だから、結果だけでなくどういう分析手法を使ったかについても聞かれるかもしれない。資料の中に含めておいてもらえるかな

わかりました。やってみます！

分析レポート

　Recipe 2.4までで、分析マスターデータの作成や顧客データの可視化、クラスタリングについて説明してきました。ここでは、分析レポートの作成について、概説します。

　分析レポートの内容としては、例えば以下が考えられます。

1 分析の目的
2 分析手法の説明
3 使用したデータや、加工方法
4 分析の結果
5 結論と考察

　報告する状況や相手によっては、**2**の分析手法の説明や、**3**のデータの加工方法については不要というケースもあるかもしれません。項目は、場合によって必要なものを取捨選択しましょう。以下に、分析結果報告のサンプル例を記載します。

分析の目的

　クレジットカードを保有しているユーザーについて、マーケティング施策をどの顧客にどう打つかの検討のため、顧客データを分類し、ユーザーの利用履歴を分析した。

> **Point**
> 分析の目的は、わかりやすく簡潔にまとめましょう。

分析手法

・ユーザーの分類のため、k-平均法によるクラスタリングを使用した。
・5つのクラスタに分割することにした。

> **Point**
> 分析の手法を記載します。目的に応じて細かい情報を記載する必要がある場合は、そちらも記載します（例：モデルのパラメータは何を調整した、など）

使用データ

・データは、6カ月間の約9,000件のアクティブなクレジットカード保有者の利用行動を使用した。

・クラスタリングに使用した項目は以下の6項目とした。

1 PURCHASES_FREQUENCY：購入頻度

2 ONEOFF_PURCHASES_FREQUENCY：1回払いの頻度

3 PURCHASES_INSTALLMENTS_FREQUENCY：分割払いの頻度

4 CASH_ADVANCE_FREQUENCY：キャッシングの使用頻度

5 CREDIT_LIMIT：ユーザーのクレジットカードの限度額

> **Point**
>
> 使用したデータとその加工処理の概要を記載します。複数のテーブルに項目がまたがる場合は、そのテーブル名と項目名を記載します。データの結合が必要な場合は結合の条件などを、マスターデータを作成した場合は、マスターデータの処理手順や変数の加工処理等も記載してもいいでしょう。分析の詳細が求められないサマリー版の資料であれば、この箇所は削除してもよいかもしれません。

分析の結果

※ここでは、階層クラスタリングの結果で提出

　階層クラスタリングを適用し、5つのクラスタに顧客を分割した結果、各セグメントは以下の傾向が確認された。

階層クラスタリングの結果のまとめ

cluster_ID	ユーザー数	顧客セグメントの特徴
0	3,349	・購入頻度少ない ・クレジットカードの限度額小さい
1	1,556	・購入頻度少ない ・クレジットカードの限度額中程度 ・キャッシングの使用頻度中程度
2	1,061	・購入頻度多い ・クレジットカードの限度額中程度 ・キャッシングの使用頻度小さい

cluster_ID	ユーザー数	顧客セグメントの特徴
3	1,784	・購入頻度多い ・クレジットカードの限度額小さい ・キャッシングの使用頻度少ない
4	1,200	・購入額中程度 ・キャッシングの使用頻度多い（クレジットカードの限度額中程度）

Point

分析の結果をまとめます。結果を図や表にしておくと、閲覧者に伝わりやすいです。

結論と考察

　例えば、各セグメントに対して以下のようなプロモーションが検討できる。

✓ cluster_id 0：クレジットカード利用を促す販促

✓ cluster_id 1：クレジットカード利用を促す販促

✓ cluster_id 2：キャッシング利用を促す販促

✓ cluster_id 3：クレジットカード限度額の引き上げ

✓ cluster_id 4：キャッシング限度額の引き上げ

Point

「分析の目的」で記載した目的に基づいて、結論と考察を加えます。

最後に、Part 2で使用した各種モジュールを一覧にまとめます。

使用したモジュールのまとめ

モジュール名	役割
pandas	・データ解析を行うためのライブラリ
numpy	・ベクトルや行列の計算を高速に処理するためのライブラリ ・機械学習モデルに投下する際、データをnumpyの多次元配列に直してから投下するケースが多い
matplotlib.pyplot	・Pythonの描画ライブラリで、線グラフや棒グラフ等を出力できる
seaborn	・Pythonの描画ライブラリ。洗練された図を描くことができる ・matplotlib.pyplotと比べて、少ないコードで図が書けることが多い
sklearn.cluster.KMeans	・scikit-learnのK-means 法によるクラスタ分析を行うクラス
sklearn.preprocessing	・いくつかの一般的なユーティリティ関数と、未処理の特徴ベクトルを下流の推定器に適した表現に変更するための変換クラス
scipy.cluster.hierarchy.linkage	・scikit-learnの階層型クラスタリングを行うクラス
scipy.cluster.hierarchy.dendrogram	・scikit-learnの階層型クラスタリングのデンドログラムを描写するためのクラス
scipy.cluster.hierarchy.cut_tree	・scikit-learnの階層型クラスタリングのカットツリーを返すためのクラス

Part 3

広告効果データ

重回帰分析モデル

Part 3 introduction
広告の費用対効果を知りたい

「広告費の半分が金の無駄使いに終わっていることはわかっている。わからないのは
どっちの半分が無駄なのかだ」……これは19世紀末の実業家ジョン・ワナメイカーが残
した言葉です。Part 3では、この問いに答えます。マーケティング・ミックス・モデリング
（MMM）というフレームワークを導入し、広告の出稿データと売上のような「成果デー
タ」の因果関係をモデリングすることで、広告効果を定量化します。

ここでは、広告の費用対効果を考えましょう。私たちは普段から沢山の広告に囲
まれています。例えばTVのCM、雑誌、新聞、さらに最近成長著しいインターネッ
ト広告などです

なぜ企業は広告を出稿するのでしょうか？

例えば新しい製品を作ったとしても、誰も知らなければ購入してもらえません。で
すからそれを周知する手段として広告があるのです

記者を集めて新製品の発表をするのも、手段の1つですよね？

もちろん企業情報を周知するという目的は同じです。しかしそれらはPR（パブリッ
ク・リレーションズ）と呼ばれ、広告とは明確に線引きがされています

何が違うのでしょうか？

広告は、メディア媒体にお金を払って広告枠を買います。他方PRは、記事として
メディアに取り上げてもらいます。つまり広告には費用が発生しています

なるほど、だからその費用対効果を考えなければならないのですね

　日本の2019年度総広告費は約7兆円弱[1]であり、実にGDPの1%強を占める産
業です。特にインターネット広告の成長は著しく、2019年に約2.1兆円となり、はじめ

てTVの広告費（2019年は約1.9兆円）を追い抜いたことで話題になりました[※2]。

　このように非常に大きなお金が流れているにも関わらず、その効果に関しては旧態依然としてマーケターの勘と経験に拠るところが多いのが現状です。一方で広告出稿データと売上の関係を定量化して費用対効果を検証し、広告予算の最適化を試行する企業も出てきました。これらの動きは、他の広告媒体と比較してデータを取得しやすいインターネット広告の発展が後押していると考えられます。

　これまでも、広告効果の定量化のアプローチは、数多く提案されてきました。本書では、そのうちの1つのフレームワークである「マーケティング・ミックス・モデリング」という概念をもとに、広告効果の定量化を図ります。マーケティング・ミックス・モデリングの厳密な定義は難しく、その説明は書物によってさまざまです。例えば

- ✓ 投下広告量がどれほどセールスやマーケットシェアに影響を与えたかを定量化する技術[※3]
- ✓ マーケティングへのインプットの潜在的価値を測ること、およびそれを用いて長期スパンでの企業の利益を生み出すためのマーケティングの投資量を決めること[※4]

などがあります。要するに、投下広告料（インプット）単位当たりのビジネスアウトプットを定量化すること、またはその技術の総称と考えることができます。

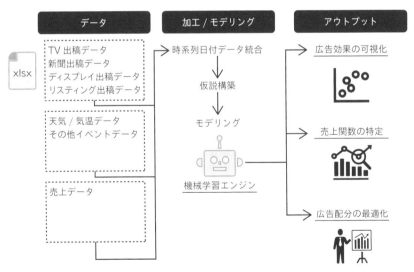

マーケティング・ミックス・モデリングの概要

Part 3では、広告出稿データを使用した、広告効果の分析と広告予算の最適化を行う一連の作業を解説していきます。

※1　電通「日本の広告費 2019年 日本の広告費」https://www.dentsu.co.jp/knowledge/ad_cost/
※2　電通「日本の広告費 2019年 媒体別広告費」
　　　https://www.dentsu.co.jp/knowledge/ad_cost/2019/media.html
※3　Towards Data Science「Market Mix Modeling (MMM)—101」
　　　https://towardsdatascience.com/market-mix-modeling-mmm-101-3d094df976f9
※4　Decision Analyst「Marketing Mix Modeling」https://www.decisionanalyst.com/analytics/
marketingmixmodeling/

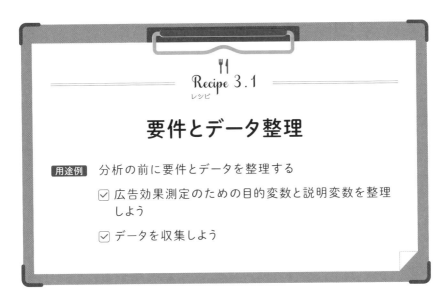

要件とデータ整理

用途例　分析の前に要件とデータを整理する

☑ 広告効果測定のための目的変数と説明変数を整理
　しよう

☑ データを収集しよう

 広告効果の算出工程は、複数のステップに分けられます。最初にすべきことは何かわかりますか？

 ええと……分析に入る前にはまずビジネス要件を定義するんでしたよね？

 そうでしたね。ただ今回は広告効果を算出するため、要件は比較的明確です。とすると、そのために必要なデータを整理することが焦点になります。どのようなデータが必要になると思いますか？

 広告効果の算出ということは、投下広告費用のデータが必要ですよね。それだけではなく効果に相当する売上などのデータも必要だと思います

 その通りです。早速それらのデータの収集や整理の方針を定めていきましょう！

顧客目標・ステークホルダーの定義

　広告効果の分析に入る前に、要件とデータの整理をします。要件を整理することでデータの棚卸が可能となり、過不足ない準備ができます。

　Part 1で紹介したプロセスの一般論にならい、以下のフレームワークを使用して説明してきます。

使用するフレームワーク

　顧客目標（社内プロジェクトであればステークホルダー）を定義するときには、ま
ず下図のような現状分析を行い、あるべき姿を策定しましょう。そのあるべき姿の要
約が「顧客目標」となります。次に「現状」と「あるべき姿」のギャップを分析し、そ
れを実現する手段を考えます。これが「何をするか」に相当します。

　これを用いてフレームワークを埋めていきます。

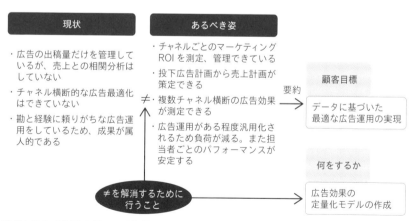

現状とあるべき姿のギャップ分析

データの収集

　取得すべきデータが決まったら、データ収集に取りかかりましょう。まずは、説明変数となる「出稿量データ」を集めます。基本的には、それぞれの媒体ごとに担当の広告代理店に問い合わせて取得するのが一番簡単で確かな方法です。データは、以下の条件を満たしているのが望ましいです。

- ✓ 時系列で出稿量が記録されている
- ✓ 時系列の時間単位は、なるべく日付形式であること（いろいろな媒体ごとの出稿データを時間で紐付けるため、一番粒度が細かい日付であると都合がよい）
- ✓ 出稿量は金額そのもの、あるいは金額に換算できる── 例えば視聴率のようなものがふさわしい
- ✓ 少なくとも1年分のデータがあること

　次に、成果指標となる変数のデータを集めます。基本は売上やその構成要素である販売数などです。これらのデータは自社内で管理されているはずですので、広告出稿量データよりは収集が容易です。広告出稿量データと同様に、いくつかの条件を満たしていると望ましいです。

- ✓ 時系列で成果が記録されている
- ✓ 時系列の時間単位はなるべくならば日付形式であること
- ✓ 少なくとも1年分のデータがあること

　さらに、ビールなどのように気候・天候で売上が左右されるものは、広告効果と気候効果を切り分けて考える必要があります。この場合は時系列の気候・天候データがあれば、より正確なモデリングが可能です。

広告効果データ×重回帰分析モデル

∽◦ 完 成 ◦∽

要件整理と必要データの収集例を示します。

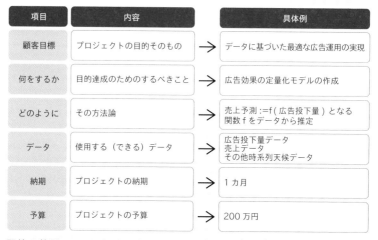

項目	内容		具体例
顧客目標	プロジェクトの目的そのもの	→	データに基づいた最適な広告運用の実現
何をするか	目的達成のためのするべきこと	→	広告効果の定量化モデルの作成
どのように	その方法論	→	売上予測 :=f (広告投下量) となる 関数 f をデータから推定
データ	使用する（できる）データ	→	広告投下量データ 売上データ その他時系列天候データ
納期	プロジェクトの納期	→	1 カ月
予算	プロジェクトの予算	→	200 万円

要件の整理

ネット広告 出稿日付	曜日	金額		TV広告 出稿日付	曜日	金額 （週次）
2020/4/6	月	100,000		2020/4/6	月	500,000
2020/4/7	火	60,000		2020/4/7	火	
2020/4/8	水	70,000		2020/4/8	水	
2020/4/9	木	60,000		2020/4/9	木	
2020/4/10	金	50,000		2020/4/10	金	
2020/4/11	土	60,000		2020/4/11	土	
2020/4/12	日	70,000		2020/4/12	日	
2020/4/13	月	60,000		2020/4/13	月	500,000
2020/4/14	火	40,000		2020/4/14	火	
2020/4/15	水	60,000		2020/4/15	水	
2020/4/16	木	70,000		2020/4/16	木	
2020/4/17	金	60,000		2020/4/17	金	
2020/4/18	土	20,000		2020/4/18	土	
2020/4/19	日	20,000		2020/4/19	日	

広告出稿量

日付	平均気温	降水量	天気
2020/4/6	12.1	0	晴
2020/4/7	12.4	0	薄曇
2020/4/8	14.3	0	快晴
2020/4/9	13.3	1	晴後曇
2020/4/10	11.2	0	晴一時薄曇
2020/4/11	11.4	1	晴後時々曇
2020/4/12	10.3	7	曇一時曇
2020/4/13	8	132	大雨
2020/4/14	10.9	2	快晴
2020/4/15	13.8	0	薄曇一時晴
2020/4/16	11.7	1	曇
2020/4/17	12.4	1	曇時々晴
2020/4/18	12.9	90	大雨
2020/4/19	14.7	0	晴

気候データ※
※気候データは気象庁HP（https://www.data.jma.go.jp/gmd/risk/obsdl/index.php）より収集

売上日付	曜日	金額
2020/4/6	月	1,500,000
2020/4/7	火	1,300,000
2020/4/8	水	1,350,000
2020/4/9	木	1,300,000
2020/4/10	金	1,250,000
2020/4/11	土	1,300,000
2020/4/12	日	1,350,000
2020/4/13	月	1,300,000
2020/4/14	火	1,200,000
2020/4/15	水	1,300,000
2020/4/16	木	1,350,000
2020/4/17	金	1,300,000
2020/4/18	土	1,100,000
2020/4/19	日	1,100,000

売上データ

Recipe 3.2
レシピ

時系列に基づいた広告データの整理

用途例 出稿量データと成果データを紐付ける

- ☑ Pythonのライブラリを読み込もう
- ☑ 時系列データの扱いを学ぼう

 さて、データを集めることができましたが、これらは複数のテーブル形式のデータで与えられています。分析に入りたいところですが、その前にやることがありますね

ばらばらになっているデータを分析しやすい形にするんですよね？

 そうです。まずは複数テーブルを1つにしましょう

あれ？ この場合、紐付けするキーは……？

 顧客データと違い、いわゆる「ID」に相当するものがないですよね。このようなデータは時系列データと呼ばれるもので、一般的にタイムスタンプ（日付や時間など）で複数のテーブルを紐付けしていきます

なるほど！ こうすることで同一時間帯のチャネルごとの投下広告量と、それに対応した時間の売上が同一レコードに格納されているテーブルができるわけですね

　Recipe 3.1で収集したデータを分析用に加工します。具体的には、日付をキーとして、広告出稿量データ、気候・天候データ、売上データを紐付けます。紐付けが済んだら、以降は架空のサンプルデータを用いて解説をしていきます。サンプルデー

タは、夏に売上が伸びる「ビール」のような商材を想定して準備しました。これを念頭に置いて読み進めると、理解の助けになると思います。

ライブラリの読み込み

以降では、Pyhonのコードを記述しながら解説していきます。Pythonは、google coloboratory上で実行することを想定しています。また、事前にグラフ出力の日本語化パッケージのインストールをします。インストールは、以下のコマンドをgoogle coloboratoryのセル上で実行します。

コード 日本語化パッケージのインストール

```
!pip install japanize-matplotlib
```

次に、必要なライブラリを読み込みます。

コード ライブラリの読み込み

```
#必要なライブラリを読み込み
import pandas as pd #データフレームライブラリ
import numpy as np #配列ライブラリ
import matplotlib.pyplot as plt #グラフ描画ライブラリ
import japanize_matplotlib #グラフ日本語化ライブラリ
import seaborn as sns #高度グラフ描画ライブラリ

sns.set(font="IPAexGothic") #グラフスタイル設定
pd.options.display.max_columns = 20  #カラムの表示設定
```

データの紐付け

データを日付で紐付けます。データはcsvで準備してあるとし、それをPythonで扱えるようにpandasデータフレームとして読み込みます。

コード データの読み込み

```
#データ読み込み

#ネット広告出稿量
df_net_ad = pd.read_csv('net_ad.csv',encoding='cp932')
```

```
#TV広告出稿量
df_tv_ad = pd.read_csv('tv_ad.csv',encoding='cp932')
#気候・天候データ
df_weather = pd.read_csv('weather.csv',encoding='cp932')
#売上データ
df_sales = pd.read_csv('sales.csv',encoding='cp932')
```

4つのデータを日付で紐付けるために、日付をインデックスにします。

コード　日付のインデックス化

```
#日付で紐付けを行うために日付をインデックス化
df_net_ad = df_net_ad.set_index('ネット広告出稿日付')
df_tv_ad = df_tv_ad.set_index('TV広告出稿日付')
df_weather = df_weather.set_index('日付')
df_sales = df_sales.set_index('売上日付')
```

日付で紐付けます。インデックスをキーとして紐付ける場合には、pd.concat()を使用します。

コード　データの紐付け（日付）

```
#ファイルを日付で結合する　カラム名「金額」をそれぞれ対応する名前に直す
df = pd.concat(
    [df_net_ad.rename(columns={'金額':'ネット広告出稿金額'}),
     df_tv_ad.rename(columns={'金額':'TV出稿金額'}).drop('曜日⏎
',axis=1),#曜日は重複するため落とす
     df_weather,
     df_sales.rename(columns={'金額':'売上金額'}).drop('曜日⏎
',axis=1)  #曜日は重複するため落とす
     ]
    ,axis=1
)
#インデックスをdatetime型に変換
df.index = pd.to_datetime(df.index)
```

∽完成∽

結果を確認します。

| コード | 結果の出力

```
print (df)
```

出力

	曜日	ネット広告出稿金額	TV出稿金額	平均気温	降水量	天気	売上金額
2020-04-06	月	100000	500000.0	12.1	0.0	晴	1500000
2020-04-07	火	60000	NaN	12.4	0.0	薄曇	1300000
2020-04-08	水	70000	NaN	14.3	0.0	快晴	1350000
2020-04-09	木	60000	NaN	13.3	0.5	晴後曇	1300000
2020-04-10	金	50000	NaN	11.2	0.0	晴一時薄曇	1250000
2020-04-11	土	60000	NaN	11.4	0.5	晴後時々曇	1300000
2020-04-12	日	70000	NaN	10.3	6.5	曇一時雨	1350000
2020-04-13	月	60000	300000.0	8.0	132.0	大雨	1300000
2020-04-14	火	40000	NaN	10.9	1.5	快晴	1200000
2020-04-15	水	60000	NaN	13.8	0.0	薄曇一時晴	1300000
2020-04-16	木	70000	NaN	11.7	0.5	曇	1350000
2020-04-17	金	60000	NaN	12.4	0.5	曇時々晴	1300000
2020-04-18	土	20000	NaN	12.9	89.5	大雨	1100000
2020-04-19	日	20000	NaN	14.7	0.0	晴	1100000

Recipe 3.3
レシピ

相関分析と説明変数の作成

用途例 広告出稿量と成果変数の相関関係を調べてモデル構築のヒントを得る

☑ 出稿量データを適した形に変換しよう

☑ 必要なデータのみに絞ろう

 いよいよ分析工程に入ります。この工程では、説明したい変数（売上）と説明変数（投下広告費用変数）の関係を明らかにします

はい、それは知っています。相関分析ですね

 その通りです。しかし説明変数に関しては、いくつか注意が必要です。何かわかりますか？

ええと……すいません、わかりません

 元のデータには「天気」や「曜日」など、投下広告費用変数以外のものがあったと思います。これらも説明変数の候補として検討する必要があります

そうか、天気や曜日などに売上が左右される場合、それらで売上を説明する必要がありますね

 そうですね。これは広告の効果と天気や曜日の効果を切り分けるために行います。また、曜日のような文字列変数はそのままでは使用できないため、加工が必要です

文字列を数値に変換するとなると……ダミー変数化でしょうか？ でも曜日って7日あるので少なくとも6個（7－1＝6、ダミー変数はカテゴリ数－1の変数が必要）の変数を用意する必要がありますね。これは少し冗長な気がします

 それに対応する方法も踏まえて、ここでは相関分析と変数の加工を説明しましょう

　Recipe 3.2で準備したデータから、モデルの説明変数を作成していきます。この過程は、分析前処理（不要変数の削除、既存変数の加工）、相関分析、説明変数の作成などからなります。

説明変数の作成

　Recipe 3.2で作成したデータを使用していきますが、Recipe 3.2は説明用に簡略化されたデータでした。Recipe 3.3以降では実際にモデリングを行うため、事前に用意してあるサンプルデータを使用します。このデータは2019年4月1日から2020月3月31日までのネットおよびTVの広告出稿金額と平均気温、降水量、天気、売上金額の値からなります。これらの値はRecipe 3.2と同じカラム形式で格納されています（なお、このサンプルデータは本書のために筆者が独自に作成した架空のデータです。それを踏まえて読み進めてください）。

　まずはサンプルデータを読み込みます。

コード | データの読み込み

```
#モデリング用サンプルデータ読み込み
df = pd.read_csv('sample_data.csv',encoding='cp932').set_↵
index('日付')
#インデックスをdatetime型に変換
df.index = pd.to_datetime(df.index)
print (df)
```

出力

	曜日	ネット広告出稿金額	TV広告出稿金額	平均気温	降水量	天気	売上金額
日付							
2019-04-01	月	0.0	0.0	8.8	5.5	晴後曇	151579.518742
2019-04-02	火	0.0	NaN	7.2	0.0	晴後曇	162928.941170
2019-04-03	水	0.0	NaN	8.1	0.0	快晴	161903.274144
2019-04-04	木	0.0	NaN	10.6	0.0	快晴	333822.826005
2019-04-05	金	0.0	NaN	15.4	0.0	薄曇後晴	249339.942869
...	...	...	...	...	...		
2020-03-27	金	0.0	NaN	16.2	0.0	曇	358478.200851
2020-03-28	土	0.0	NaN	15.5	8.5	曇時々雨	188774.280497
2020-03-29	日	0.0	NaN	3.6	51.5	雨時々雪後一時曇、みぞれを伴う	109710.952079
2020-03-30	月	0.0	0.0	7.6	0.0	曇	104810.518759
2020-03-31	火	0.0	NaN	9.8	0.0	曇時々雨	218285.315716

分析前処理

　加工に入る前に、「ネット広告出稿金額」「TV広告出稿金額」と「売上金額」の時系列グラフを見て、値の様子を確認しておきましょう。

コード 広告費と売上金額の関係（時系列）

```
#広告費と売上金額時系列可視化
plt.figure(figsize=(14,7))
plt.subplot(2,2,1)
plt.plot(df['ネット広告出稿金額'],label='Net Ad Spending')
plt.legend()
plt.subplot(2,2,2)
plt.plot(df['TV広告出稿金額'].fillna(0),label='TV Ad Spending')
plt.legend()
plt.subplot(2,2,3)
plt.plot(df['売上金額'],label='Sales')
plt.legend()
```

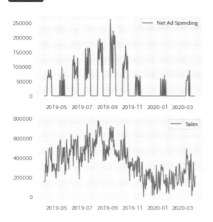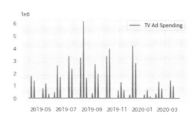

この時点で不要なデータを削除します。「天気」は、「降水量」で代替可能と考えられますので削除します。

コード データの削除

```
#天気データを削除
df = df.drop(['天気'],axis=1)
```

次に「TV出稿金額」の欠損を埋めます。TVの出稿金額は週次で格納されていたので、これを7で均等に割って日付に直します。この方法はまず、月曜日、すなわち4月6日と4月13日を起点とする週次データに変換します。

コード 月曜起点の週次データに変換

```
#月曜起点の週次データに変換
temp = df['TV広告出稿金額'].resample('W-MON').sum()
print (temp)
```

広告効果データ×重回帰分析モデル

Part 3

出力

日付	曜日	ネット広告出稿金額	TV広告出稿金額	平均気温	降水量	売上金額
2019-04-01	月	0.0	0.0	8.8	5.5	151579.518742
2019-04-02	火	0.0	0.0	7.2	0.0	162928.941170
2019-04-03	水	0.0	0.0	8.1	0.0	161903.274144
2019-04-04	木	0.0	0.0	10.6	0.0	333822.826005
2019-04-05	金	0.0	0.0	15.4	0.0	249339.942869
...	...	...	...	...	...	...
2020-03-27	金	0.0	0.0	16.2	0.0	358478.200851
2020-03-28	土	0.0	0.0	15.5	8.5	188774.280497
2020-03-29	日	0.0	0.0	3.6	51.5	109710.952079
2020-03-30	月	0.0	0.0	7.6	0.0	104810.518759
2020-03-31	火	0.0	0.0	9.8	0.0	218285.315716

コード 日付変換後のTV広告出稿金額の確認

```
#日付変換後のTV広告出稿金額
plt.plot(df['TV広告出稿金額'],label='TV広告出稿金額')
plt.legend()
```

出力

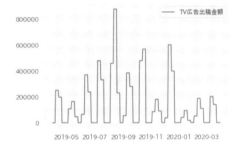

相関分析

次に、各変数と売上の関係を確認しましょう。これを行うことでモデリングの関係式を検討することができます。

コード 各変数と売上変数の関係確認

```
#各変数と売上変数の散布図
plt.figure(figsize=(14,14))
plt.subplot(2,2,1)
sns.regplot(x="ネット広告出稿金額", y="売上金額", data=df)
```

```
plt.subplot(2,2,2)
sns.regplot(x="TV広告出稿金額", y="売上金額", data=df)

plt.subplot(2,2,3)
sns.regplot(x="平均気温", y="売上金額", data=df)

plt.subplot(2,2,4)
sns.regplot(x='降水量', y="売上金額", data=df)
```

出力

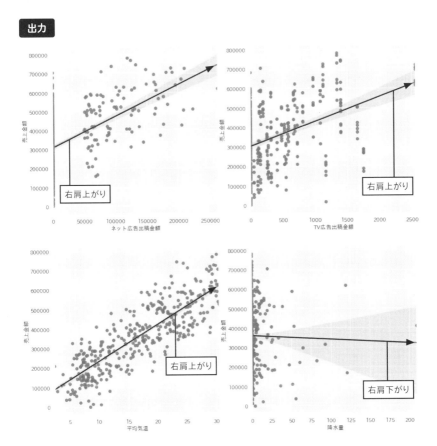

　「ネット広告出稿金額」「TV広告出稿金額」「平均気温」と「売上」の関係は右肩
上がりのグラフで近似できることから正の相関関係、一方「降水量」と「売上」の関
係は右肩下がりですので負の相関関係にあると言えます。

続いて、曜日と売上の関係を見てみましょう。

[コード] 曜日と売上の関係確認

```
#曜日ごとに売上の傾向に違いがあるか
sns.boxplot(x='曜日', y="売上金額", data=df)
```

出力

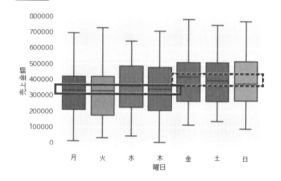

　上図より、月〜木の平日の売上水準 (色付きの実線) と、金〜日の週末の売上水準 (色付きの点線) で違いがありそうです。週末か、それ以外かで分ける変数を作ると、よさそうであることがわかります。ここでは「金、土、日」に対して週末FLG (週末ならば1、それ以外0) を作成します。最後に、曜日変数は以後使用しないため、削除しておきます。

[コード] 変数の整理

```
#曜日→週末FLGに変換
df['週末FLG'] = (df['曜日'].isin(['金','土','日'])).astype('int')
#不要な変数(曜日と天気)削除　曜日は上で週末FLGを作成したため以降不要
df = df.drop(['曜日'],axis=1)
```

　上のコードについて、少し補足説明します。2行目はisin()を使用して金、土、日のいずれかに当てはまればTrueを返す処理をして、その後astype()でint型 (整数型) に直しています。Trueをint型に直すと1、Falseは0になるため0/1のFLG変数ができます。中身を確認しましょう。

| コード | データの確認

```
#確認
print (df)
```

出力

```
              ネット広告出稿金額  TV広告出稿金額   平均気温   降水量           売上金額   週末FLG
日付
2019-04-01        0.0         0.0    8.8    5.5  151579.518742      0
2019-04-02        0.0         0.0    7.2    0.0  162928.941170      0
2019-04-03        0.0         0.0    8.1    0.0  161903.274144      0
2019-04-04        0.0         0.0   10.6    0.0  333822.826005      0
2019-04-05        0.0         0.0   15.4    0.0  249339.942869      1
...               ...         ...    ...    ...            ...    ...
2020-03-27        0.0         0.0   16.2    0.0  358478.200851      1
2020-03-28        0.0         0.0   15.5    8.5  188774.280497      1
2020-03-29        0.0         0.0    3.6   51.5  109710.952079      1
2020-03-30        0.0         0.0    7.6    0.0  104810.518759      0
2020-03-31        0.0         0.0    9.8    0.0  218285.315716      0
```

Adstock効果の確認

　これまでの作業で、売上を説明できそうな変数と、その正負の比例関係を以下に整理しました。

変数	売上との関係
ネット広告出稿金額	正相関
TV広告出稿金額	正相関
平均気温	正相関
降水量	負相関
曜日	週末は平日より売上の水準が高い

　これだけでもよいのですが、昨今注目されている考え方で「広告効果（特にTV広告）は、広告にユーザーが接触した日だけではなく、その翌日以降も効果が減衰しながら継続する」というものがあります（Adstock効果などと呼ばれることもあります）。この仮説を確認してみましょう。本書では、TVだけに絞ってこの減衰効果があると仮定します。ただし、今回は週次データを7で割って日付に均等に割り振ったため、前日と同じ出稿金額になるパターンが多く、散布図が似た形状になっていることに留意ください（実際は、以下で図示するようなきれいな図にはならないことがほとんどです）。

まずは1～4日前のTV広告出稿金額データを横に紐付けます。

コード データの紐付け

```
#TV広告出稿金額4日前まで取得する
df_tv_shift = pd.concat(
    [df['売上金額'],
     df[['TV広告出稿金額']].rename(columns={'TV広告出稿金額':'TV広告↵
出稿金額_1'}).shift(1).fillna(0), #1日前の出稿金額
     df[['TV広告出稿金額']].rename(columns={'TV広告出稿金額':'TV広告↵
出稿金額_2'}).shift(2).fillna(0), #2日前の出稿金額
     df[['TV広告出稿金額']].rename(columns={'TV広告出稿金額':'TV広告↵
出稿金額_3'}).shift(3).fillna(0), #3日前の出稿金額
     df[['TV広告出稿金額']].rename(columns={'TV広告出稿金額':'TV広告↵
出稿金額_4'}).shift(4).fillna(0)  #4日前の出稿金額
    ],axis=1)
```

時系列で、この4つの変数と売上金額を並べてみます。

コード TV広告出稿金額と売上金額の関係

```
#時系列plot
plt.figure(figsize=(20,7))
plt.plot(df_tv_shift['売上金額'],label='売上')
plt.plot(df_tv_shift['TV広告出稿金額_1'],label='TV1日前')
plt.plot(df_tv_shift['TV広告出稿金額_2'],label='TV2日前')
plt.plot(df_tv_shift['TV広告出稿金額_3'],label='TV3日前')
plt.plot(df_tv_shift['TV広告出稿金額_4'],label='TV4日前')
plt.legend()
```

出力

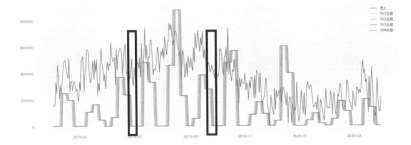

　色付きの線で囲んだ範囲において、広告の残存効果があるように見えます。このような効果をモデルに反映させるために、1〜4日前の広告出稿金額を説明変数に組み込むことを検討します。

〜 完成 〜

この変数を元のデータに紐付けて完成としましょう。

コード　データの紐付け

```
#TVの1-4日前の出稿金額変数をマージする
df = pd.concat(
    [df,
    df_tv_shift.drop(['売上金額'],axis=1)]
    ,axis=1
)
```

ここまでの処理で、以下のテーブルを得ます。

出力

日付	ネット広告出稿金額	TV広告出稿金額	平均気温	降水量	売上金額	週末FLG	TV広告出稿金額_1	TV広告出稿金額_2	TV広告出稿金額_3	TV広告出稿金額_4
2019-04-01	0.0	0.0	8.8	5.5	151579.518742	0	0.0	0.0	0.0	0.0
2019-04-02	0.0	0.0	7.2	0.0	162928.941170	0	0.0	0.0	0.0	0.0
2019-04-03	0.0	0.0	9.1	0.0	93.274144	0	0.0	0.0	0.0	0.0
2020-03-30	0.0	0.0	7.6	0.0	104810.518759	0	0.0	0.0	0.0	0.0
2020-03-31	0.0	0.0	9.8	0.0	218285.315716	0	0.0	0.0	0.0	0.0

Recipe 3.4
レシピ

モデルの構築

用途例 成果に影響を与える変数を整理しモデル式を組む

☑ モデル式を解こう

いよいよ分析作業の醍醐味であるモデル構築を行います

待ってました！モデル構築は学生時代からやってましたので得意です

おっしゃる通り、モデル構築はいろいろな教科書でも扱っている内容ですし、学生時代に研究や講義の中でモデルを構築した経験がある人もいると思います。今回のデータに適したモデルは何かわかりますか？

このタイプの問題には、重回帰モデルです。これは自信があります

その通りです。ただし、Recipe3.3の相関分析で得られた知見をモデル化するには、もうひと工夫必要ですね

Adstock効果のモデル化は難しそうですね

はい。Adstock効果のモデル化は文献を調べても紹介されている方法は異なり、一般的にこれといった手法はありません。ここではλのべき乗、つまり$\lambda, \lambda^2 ...$と減衰していく仮定をモデルに組み込んでみます

λを推定するパラメータとするわけですね

理解が早いですね。さあ、事実上Part 3の最後の山です、丁寧に説明していきますので、一緒にモデル構築手法を学んでいきましょう！

重回帰モデルを使った学習モデルの構築

　ここからはRecipe 3.3で作成したデータを元に、各種変数と売上金額の関係を学習したモデルを構築します。モデルは「各種媒体の広告出稿金額」を入力とし、「売上金額」を出力とする関数です。この関数を用いて入力を変化させることで、効果が最大となる入力量、すなわち最適な広告出稿量を決めることができます（Recipe 3.5で行います）。

　ここでは「重回帰モデル」を使用します。重回帰モデルは、入力と出力の関係が直感的にわかるため、費用対効果の説明をしやすいという利点があります。x_1、x_2という入力があったときに出力yを対応させるモデルは、以下で記述されます。

$$y = \beta_0 + \beta_1 \times x_1 + \beta_2 \times x_2 + e$$

※ただしeは標準正規分布に従う誤差

　β_1（β_2）は、x_1（x_2）の投下量を1単位増やしたときにyが増加する量です。β_0は切片、つまり$x_1 = x_2 = 0$のときにyが取り得る量に相当します。本書では、重回帰モデルの詳細には立ち入らないため、興味のある方は参考文献[※]を参照ください。

※永田 靖, 棟近 雅彦『多変量解析法入門（ライブラリ新数学大系）』サイエンス社（2001）

モデル構造の決定

　引き続き、Recipe 3.3で作成したデータを使用します。また、作業に入る前にモデルの構造を決定していきます。

　モデルはベースパート（広告出稿金額が全くない場合の部分）、インクリメンタルパート（広告出稿金額に比例して増加する部分）、シーズナルパート（季節や温度、週末か否かで変化する部分）、イベントパート（ゴールデンウィークやハロウィンなどのイベントが影響を与える部分）からなります。

広告出稿金額が0の場合の、基本となる売上
モデル式では切片で表現される
$y_t = \beta_0 + \varepsilon$

広告出稿金額に比例する部分（インクリメンタル）
モデル式は以下のようになる
$y_t = \beta_0 + \beta_1 * (TV_t) + \beta_2 * (ネット_t) + \beta_3 * (新聞_t) + \varepsilon$

例えばビールの売上は広告投下量とは無関係に季節や気温に比例して売上が伸びると考えるのが妥当で、このような季節効果の部分
季節などの非数値変数はダミー変数に変換して利用する
$y_t = \beta_0 + \beta_1 * (TV_t) + \beta_2 * (ネット_t) + \beta_3 * (新聞_t)$
$\quad + \beta_4 * (気温_t) + \beta_5 * (7月8月ダミー変数_t) + \varepsilon$

シーズナルパートに似た概念で、例えばゴールデンウィークや、ハロウィンなどをダミー変数として利用する
$y_t = \beta_0 + \beta_1 * (TV_t) + \beta_2 * (ネット_t) + \beta_3 * (新聞_t) + \beta_4 * (気温_t)$
$\quad + \beta_5 * (7月8月ダミー変数_t) + \beta_6 * (ハロウィンダミー変数_t) + \varepsilon$

MMMモデル構成要素の一般的な構成

　ただし、y_tは時間tでの売上、TV_t、ネット$_t$、新聞$_t$はそれぞれ対応するメディアの時間tでの広告出稿金額、気温$_t$は時間tでの気温です。上記をまとめたモデル式は、以下のようになります。

$$y_t = \beta_0 + \beta_1 \times (TV_t) + \beta_2 \times (ネット_t) + \beta_3 \times (新聞_t) + \beta_4 \times (気温_t)$$
$$+ \beta_5 \times (7月8月ダミー変数) + \beta_6 \times (ハロウィンダミー変数) + e$$

数式 3.1

　次にRecipe 3.3で言及した、広告の翌日以降まで減衰しながら続く効果（Adstock効果）を、モデルに組み込みます。広告効果は、減衰パラメータλ（ただし$0 < \lambda < 1$）を用いてそのべき乗で減衰すると仮定します。もう少し厳密に述べると、時間t時点のt−n時点（n日前）で投下した広告効果は、（t−n時点の投下量）× λ^nに比例するとします。

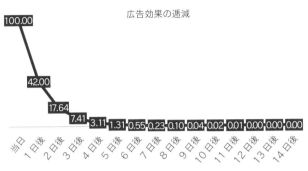

広告効果の逓減

広告効果の減衰曲線

例えばTVの出稿金額の3日前までの効果をモデル式で表すと、

$$y_t = \beta_0 + \beta_1 \times (\lambda TV_{t-1} + \lambda^2 TV_{t-2} + \lambda^3 TV_{t-3}) + e$$
数式3.2

です。これを 数式3.1 と合わせると、以下のようになります。

$$y_t = \beta_0 + \beta_1 \times (TV_t + \lambda TV_{t-1} + \lambda^2 TV_{t-2} + \lambda^3 TV_{t-3}) + \beta_2 \times (\text{ネット}_t)$$
$$+ \beta_3 \times (\text{新聞}_t) + \beta_4 \times (\text{気温}_t) + \beta_5 \times (7月8月ダミー変数) + \beta_6$$
$$\times (\text{ハロウィンダミー変数}) + e$$
数式3.3

　最後に広告効果の逓減を考えます。広告効果の逓減とは、一般的に広告の投下量が大きくなるにつれて、その効果は減少していくことを指します。仮に逓減がないとすると、広告予算の最適化とは一番効果の高いメディアにすべて投下することになりますが、これは直感に反します。

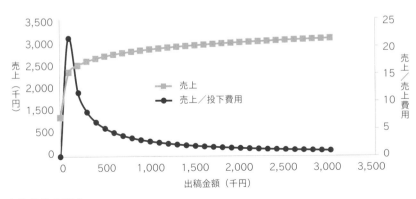

広告効果の逓減

　これをモデルに組み込むには、広告出稿金額の対数を取ることで対応します。数式 3.3 のTVとネット広告の項を対数に置き換えましょう。計算の都合上、logの中が0にならないように＋1をしていることに注意してください。

$$y_t = \beta_0 + \beta_1 \times (\log(TV_t + 1) + \lambda\log(TV_{t-1} + 1) + \lambda^2\log(TV_{t-2} + 1)$$
$$+ \lambda^3\log(TV_{t-3} + 1)) + \beta_2 \times (\log(ネット_t + 1)) + \beta_3 \times (新聞_t) + \beta_4 \times$$
$$(気温_t) + \beta_5 \times (7月8月ダミー変数) + \beta_6 \times (ハロウィンダミー変数) + e$$

数式 3.4

　Recipe 3.3で作成したデータを、対数で近似してみます。

コード 対数での近似

```python
#対数近似
#対数近似関数定義
def func1(X, a, b):
    return a*np.log(X+1) + b


plt.figure(figsize=(14,7))
#TV
popt, pcov = curve_fit(func1,df['TV広告出稿金額'],df['売上金額'])
# poptは最適推定値、pcovは共分散
plt.subplot(1,2,1)
plt.plot(popt[0]*np.log(np.linspace(0,100000,1000000)+1)+popt↵
[1],label='対数近似',color='red')
plt.scatter(df['TV広告出稿金額'],df['売上金額'],marker='x',s=1)
plt.title('TV広告出稿金額')
plt.legend()

#ネット
popt, pcov = curve_fit(func1,df['ネット広告出稿金額'],df['売上金額'])
# poptは最適推定値、pcovは共分散
plt.subplot(1,2,2)
plt.plot(popt[0]*np.log(np.linspace(0,100000,1000000)+1)+popt↵
[1],label='対数近似',color='red')
plt.scatter(df['ネット広告出稿金額'],df['売上金額'],marker='x',s=1)
plt.title('ネット広告出稿金額')
plt.legend()
```

出力

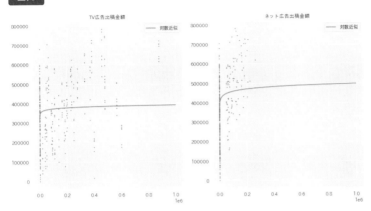

Recipe 3.3で作成したデータを、上記の手順でモデル式に落とし込むと、

$$y_t = \beta_0 + \beta_1 \times \log(\text{ネット}_t + 1) + \beta_2 \times (\log(\text{TV}_t + 1)$$
$$+ \lambda \log(\text{TV}_{t-1} + 1) + \lambda^2 \log(\text{TV}_{t-2} + 1)) + \beta_3 \times (\text{平均気温}_t) + \beta_4$$
$$\times (\text{降水量}_t) + \beta_5 \times (\text{週末FLG}_t) + e$$

数式3.5

となります。ただし、y_t、ネット$_t$、TV$_t$、平均気温$_t$、降水量$_t$、週末FLG$_t$は、それぞれ時間tの売上金額、ネット出稿金額、TV出稿金額、平均気温、降水量、週末FLGです。また簡潔にするためTV出稿金額は2日前、つまりTV$_{t-2}$までをモデルに使用します。

　一般的に上記モデルは重回帰モデルといい、最小二乗法という方法でパラメータ β_i（i＝1,2,..5）の λ を推定します。当然Pythonにはこれを実行する重回帰モデルライブラリがありますが、このモデル式は β_2 が複数の項にかかるため、直接適用することができません。このような場合は、モデル式に対して最適化ソルバーなどで最小値を求める手法を検討します。しかし λ が2乗以上の項を持つため、必ずしも最小解が得られるとは限りません。従って当該モデルのパラメータを、マルコフ連鎖モンテカルロ法（MCMC法：Markov Chain Monte Carlo）で推定することを考えます。MCMC法の技術的詳細は専門書[1][2][3]に譲るとしますが、簡単に説明すると、β や λ というパラメータをあるルールに従って何回もサンプリングすることで、最小二乗法の解の近似サンプルを得ようという方法です。

　ここでは、Pythonのpystanというライブラリを使用します。

[1] Osvaldo Martin, オズワルド マーティン, 金子 武久（翻訳）『Pythonによるベイズ統計モデリング：PyMCでのデータ分析実践ガイド』共立出版（2018）
[2] 豊田 秀樹『マルコフ連鎖モンテカルロ法』朝倉書店（2008）
[3] 松浦 健太郎, 石田 基広『StanとRでベイズ統計モデリング』共立出版（2016）

コード pystanライブラリの読み込み

```
#MCMCのライブラリ読み込む
import pystan

#対象データを作成する
X = df[['ネット広告出稿金額','TV広告出稿金額','TV広告出稿金額_1','TV広告⏎
出稿金額_2','平均気温','降水量','週末FLG']]
y = df['売上金額']
```

pystanに対して、モデルの定義をします。

コード モデルの定義

```
#pystanの準備

model = """
data {
  int<lower=0> N;
  vector[N] Net;
  vector[N] TV;
  vector[N] TV_1;
  vector[N] TV_2;
  vector[N] temp;
  vector[N] rain;
  vector[N] weekend;
  vector[N] y;
}
parameters {
  real beta_0;
  real beta_1;
  real beta_2;
  real beta_3;
  real beta_4;
  real beta_5;
  real<lower=0, upper=1> lambda;
  real<lower=0> sigma;
}

model {
```

```
  for (i in 1:N)
      y[i] ~ normal(beta_0 + beta_1*log(Net[i]+1)+ beta_2 * ⏎
(log(TV[i]+1)+lambda*log(TV_1[i]+1)+lambda^(2)*log(TV_2[i]+1))⏎
+beta_3*temp[i]+beta_4*rain[i]+beta_5*weekend[i], sigma);
  }
  """
```

　モデル定義のコード内では、data{}内で入力データの形式を定義します。N
はデータ数を格納する変数であり0超であるため、「lower=0」と記述します。
parameters{}内ではモデル式のパラメータを定義します。lambda(λ)は広告効
果の逓減を表し、0＜λ＜1であることが必要であるため「<lower=0,upper=1>」
と記述します。sigmaはモデル式の誤差のばらつきです。続けてmodel{}内でモデ
ル式を定義します。モデル式はy_t(売上金額)が数式3.5の右辺で定義された量を
平均、分散をσ^2とした正規分布に従うという意味です。
　最後にpystanに入力するデータを作成します。通常のpandasデータフレームと
は異なり、辞書形式で作成することに注意してください。

| コード | 入力データの作成

```
#pystanに入力するデータ定義(辞書型)
dat = {'N':len(X), 'Net': X['ネット広告出稿金額'].values,'TV': ⏎
X['TV広告出稿金額'].values,
        'TV_1': X['TV広告出稿金額_1'].values,'TV_2': X['TV広告出稿金⏎
額_2'].values,'temp': X['平均気温'].values, 'rain': X['降水量'].⏎
values,'weekend': X['週末FLG'].values,'y': y.values}
```

　MCMCを実行します。なお、実行環境は2020年12月時点のgoogle
coloboratoryです。また確率アルゴリズムであるため乱数シードの固定を行わな
いと、実行するたびに結果が変わります。

| コード | MCMCの実行

```
#MCMC実行
fit = pystan.stan(model_code=model, data=dat, seed=12345)
```

～完成～

得られたパラメータのサンプリング結果を可視化します。可視化のために arvizというライブラリをインストールしておきます。

コード arvizライブラリのインストール

```
!pip install arviz
```

コード サンプリング結果の確認

```
#結果可視化
import arviz
arviz.plot_trace(fit)
```

出力

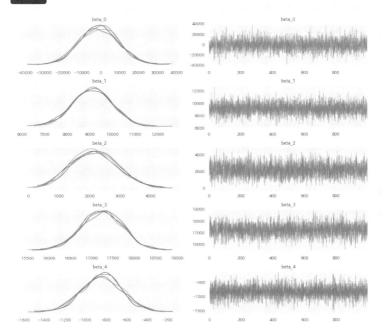

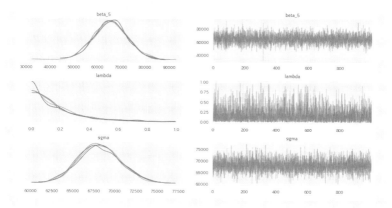

左 図 のbeta_i（i＝0,1,2,3,4,5）は、それぞれモデル式 β_i（i＝0,1,2,3,4,5）の、lambdaは λ の分布です。右図はそれに対応するサンプル回数ごとのサンプル値の推移です。4つの線があるのは、デフォルトでは4つの連鎖系列を作るためです。

ところで欲しいのはモデル式のパラメータでした、一方ここで得られたのはパラメータの分布であるため、たった1つの代表点を決める必要があります。いろいろな代表点の候補を考えることができますが、平均値を使うことを考えます。サンプルされた値の各種統計量を見てみましょう。

コード　各種統計量の確認

```
print (fit)
```

出力

```
Inference for Stan model: anon_model_d18a784032dc3ccca2c2b1150fbbba4a.
4 chains, each with iter=2000; warmup=1000; thin=1;
post-warmup draws per chain=1000, total post-warmup draws=4000.

         mean se_mean      sd    2.5%     25%     50%     75%   97.5%  n_eff  Rhat
beta_0  -1392  228.07   1.0e4  -2.2e4   -8154   -1275  5555.8   1.8e4   2046   1.0
beta_1 9118.3   15.96  854.24  7433.8  8518.3  9107.0  9702.9   1.1e4   2865   1.0
beta_2 2157.5   16.24  778.68  668.88  1613.8  2151.7  2681.6  3699.5   2298   1.0
beta_3   1.7e4   10.15  484.57   1.6e4   1.7e4   1.7e4   1.8e4   1.8e4   2279   1.0
beta_4  -838.4    3.38  205.37   -1241  -974.2  -837.2  -703.3  -432.2   3683   1.0
beta_5   6.6e4  121.62  7293.8   5.1e4   6.1e4   6.6e4   7.1e4   8.0e4   3597   1.0
lambda    0.19  4.2e-3    0.19  4.6e-3    0.05    0.13    0.26    0.72   1975   1.0
sigma    6.8e4    42.5  2633.6   6.3e4   6.6e4   6.8e4   7.0e4   7.4e4   3841   1.0
lp__     -4247    0.06    2.12   -4252   -4248   -4247   -4245   -4244   1440   1.0

Samples were drawn using NUTS at Sat May 29 12:28:03 2021.
For each parameter, n_eff is a crude measure of effective sample size,
and Rhat is the potential scale reduction factor on split chains (at
convergence, Rhat=1).
```

いろいろな値が表示されていますが、ここでは一番左のmean（平均）をパラメータの推定値とします。推定されたモデルの解釈をまとめると、以下の通りです。

パラメータ（pystan内での変数名）	解釈
$\beta 1$（beta_1）	ネット広告出稿金額が1%増加すると売上が約9,109.8円増加する
$\beta 2$（beta_2）	TV広告出稿金額が1%増加すると売上が約2,172.3円増加する
$\beta 3$（beta_3）	平均気温が1℃上がると売上が17,000円増加する
$\beta 4$（beta_4）	降水量が1mm増えると834.9円売上が減少する
$\beta 5$（beta_5）	週末になると売上が66,000円増加する
λ（lambda）	TVの出稿金額影響は毎日（100-18）%減少する

Recipe 3.5
レシピ

結果に基づいた最適な
広告戦略の立案

用途例 広告出稿量の最適化を行う

☑ 最適化の目的関数と制約条件を整理しよう

いよいよマーケティング・ミックス・モデリングの主目的であった「予算の最適化」を行います

先ほど作成した重回帰モデルは、ここでどのように使われるのでしょうか？

まず最適化すべきものは何であったか考えましょう

それは簡単、売上です

正解！ところでさっき作成した重回帰モデルは……

ああ、そうか、重回帰モデルは売上のモデルだったので、最適化すべきものは重回帰モデルの出力そのものですね

最適化は厳密には最大化ですが、予算に制限がない場合は無尽蔵に売上を大きくできてしまいます

ですよね、広告を際限出稿すればよいのですから。でも現実には予算制約があります

そうです、ですからここでは制約付き最適化問題を解くことになります。最適化対象は重回帰モデルで得られた式で、制約は予算制約ということになりますね

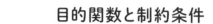

目的関数と制約条件

　得られたモデル式をもとに広告予算を最適化します。最適化の対象となる関数を「目的関数」、その関数の定義域、値域の制約を「制約条件」と呼びます。制約条件がないと、例えば売上を目的関数として最大化する場合、予算を無限に投下することで無限に売上は増やせるため、解が存在しません。またMROI（マーケティングROI）を最大化する目的関数として制約条件をなしとすると、MROIは最大化できる一方、売上の絶対数が足りないという状況が起こり得ます。このため最適化問題においては、目的関数と制約条件はセットで定義する必要があります。

　何を目的関数、制約条件にするかはプロジェクトや企業、ブランドごとで異なります。そのためマーケターやブランド担当者とのすり合わせが必要です。例えば予算が決まっていて、すべてを使い切らなければならない場合には、売上が最大となるようにそれらをそれぞれの媒体に配分すればいいので、売上を目的関数に、広告費が予算以内であることを制約条件に設定します。式で書くと以下のようになります。

| 目的関数 | $argmax_{(x_1, x_2, \ldots x_n)}$（売上関数$(x_1, x_2, \ldots, x_n)$） |
| 制約条件 | $x_1 + x_2 +, \ldots + x_n <=$ 予算上限 |

※ただし、xi（i＝1,2,…n）は媒体iへの広告投下量

　Recipe 3.5では、データの2019年度投下量と同額を予算上限として、売上を最大とするネット広告とTV広告の予算配分の最適化を行います。また、最適化のソルバーはExcelのソルバー機能を使います。あらかじめExcelのアドインのオプションで、ソルバー機能を有効化しておいてください。

モデル式の確認

　Recipe 3.4で作成したモデル式を売上関数として用います。推定されたパラメータを反映して記述すると、以下になります。

$$y_t = -1392 + 9118.3 \times log\,(\text{ネット}_t + 1) + 2157.5 \times (log\,(\text{TV}_t + 1)$$
$$+ 0.19 \times log\,(\text{TV}_{t-1} + 1) + (0.19)^2 \times log\,(\text{TV}_{t-2} + 1)) + 17000$$
$$\times (\text{平均気温}_t) - 838.4 \times (\text{降水量}_t) + 66000 \times (\text{週末FLG}_t)$$

上記関数が最大となる、ネット広告出稿金額とTV出稿金額の値を求めます。ここでは年間広告出稿金額の最適化を行うため、週末FLGは変数から除きます。さらに平均気温や降水量はコントロールできる変数ではないため、これらも除きます。除いたものと切片をまとめて定数とし、最終的に解くべき目的関数は、

$$y_t = 9118.3 \times log\,(\text{ネット広告出稿金額} + 1) + 2157.5$$
$$\times (log\,(\text{TV広告出稿金額} + 1))$$

とします。

次に制約条件を考えます。2019年度の出稿金額を広告予算とします。

| コード | 制約条件の検討

```
#2019年度総広告出稿金額
df[['ネット広告出稿金額','TV広告出稿金額']].sum(axis=0).sum()
```

出力結果から制約条件を、

ネット広告出稿金額 + TV広告出稿金額 <= 65600939.929484874

とします。

予算の最適分配

Excelで最適化問題を解き、予算の最適分配を求めます。

まず出稿金額テーブルを作成します。比較できるように最適化前の金額も入力していきます。

次にパラメータテーブルを作成します。

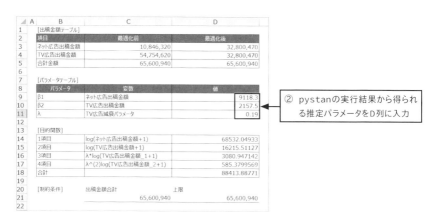

目的関数を設定します。目的関数の値は合計行のD18セルですが、理解のためにD14セルからD17セルに、それぞれの項目の計算式を記述しています。

	A	B	C	D
1	[出稿金額テーブル]			
2	項目		最適化前	
3		ネット広告出稿金額	10846320	32800470
4		TV広告出稿金額	54754620	32800470
5		合計金額	=SUM(C3:C4)	=SUM(D3:D4)
6				
7	[パラメータテーブル]			
8		パラメータ	変数	
9		β1	ネット広告出稿金額	9118.3
10		β2	TV広告出稿金額	2157.5
11		λ	TV広告減衰パラメータ	0.19
12				
13	[目的関数]			
14		1項目	log(ネット広告出稿金額+1)	=LOG(D3+1)*D9
15		2項目	log(TV広告出稿金額+1)	=LOG(D4+1)*D10
16		3項目	λ*log(TV広告出稿金額_1+1)	=D11*LOG(D4+1)*D10
17		4項目	λ^(2)log(TV広告出稿金額_2+1)	=D11^(2)*LOG(D4+1)*D10
18		合計		=SUM(D14:D17)
19				
20	[制約条件]	出稿金額合計		上限
21		=D3+D4		65600940

③ 目的関数を設定する。ここはベタ打ちではなく出稿金額テーブルとパラメータテーブルの値を用いた計算式を入力

制約条件に使用するセルを定義します。出稿金額合計は変数に応じて変化するように、下図のように数式として入力します。

④-1 出稿金額合計<=上限金額とするために、出稿金額を最適化後の出稿金額の和の式として入力

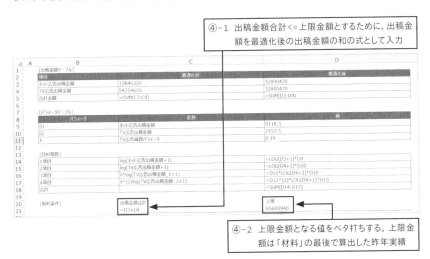

	A	B	C	D
1	[出稿金額テーブル]			
2	項目		最適化前	最適化後
3		ネット広告出稿金額	10846320	32800470
4		TV広告出稿金額	54754620	32800470
5		合計金額	=SUM(C3:C4)	=SUM(D3:D4)
6				
7	[パラメータテーブル]			
8		パラメータ	変数	値
9		β1	ネット広告出稿金額	9118.3
10		β2	TV広告出稿金額	2157.5
11		λ	TV広告減衰パラメータ	0.19
12				
13	[目的関数]			
14		1項目	log(ネット広告出稿金額+1)	=LOG(D3+1)*D9
15		2項目	log(TV広告出稿金額+1)	=LOG(D4+1)*D10
16		3項目	λ*log(TV広告出稿金額_1+1)	=D11*LOG(D4+1)*D10
17		4項目	λ^(2)log(TV広告出稿金額_2+1)	=D11^(2)*LOG(D4+1)*D10
18		合計		=SUM(D14:D17)
19				
20	[制約条件]	出稿金額合計		上限
21		=D3+D4		65600940

④-2 上限金額となる値をベタ打ちする。上限金額は「材料」の最後で算出した昨年実績

[データ]タブからソルバーを選びます。

以下のようにソルバーのパラメータを設定します。

Part 3

広告効果データ×重回帰分析モデル

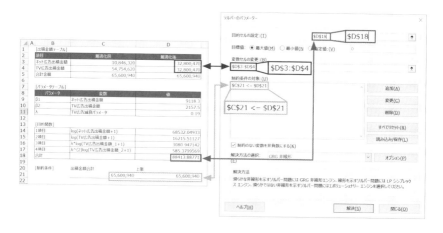

解決ボタンを押し実行すると以下のように最適化後の出稿金額が定まります。

[出稿金額テーブル]

項目	最適化前	最適化後
ネット広告出稿金額	10,846,320	50,849,092
TV広告出稿金額	54,754,620	14,751,848
合計金額	65,600,940	65,600,940

〜完成〜

準備段階の最後に得られた最適化後の予算の構成を図に示しました。TV広告の一部をネット広告に分配することで、より効果的な広告出稿を実現できることがわかりました。

最適化後の予算構成

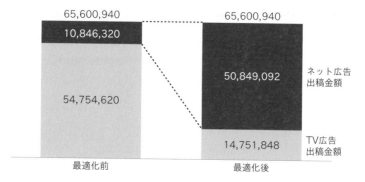

Part 4

キャンペーンデータ

$$\times$$

ロジスティック回帰分析モデル

Part 4 introduction

広告キャンペーンの対象を見つけたい

Part 4では、過去のデータを利用した広告キャンペーンの効果予測と、その予測に基づいたキャンペーン対象の選択・改善手法を解説していきます。

今回は広告のキャンペーン対象の絞り方について考えてみましょう。対象を絞らずに広告を出稿するのは効率が悪いです

なぜ効率が悪いのでしょうか？

興味を持たなそうな対象へ宣伝を行っても、効果は薄いし悪印象を持たれる可能性もありますね。例えば男性向け髭剃りの広告を女性が見てもあまり効果は期待できないでしょう。すべての人を対象に対して広告を出稿していては、予算がいくらあっても足りません

ダイレクトメールなどで地域を絞ったりするのと同じですね？

はい。実際、キャンペーン対象を絞ることは、新聞広告やポスティングでも昔から広く行われてきました。物理的な広告でもネット広告でも、同じ話です

ネット広告と言えば、最近よく聞く「ターゲティング広告」なども同様の話題なのでしょうか？

そうですね。ネット広告では対象の各種データを取ることができるので、さまざまなターゲティング手法が発達しています

キャンペーン対象の見つけ方を知っておくことは、今後さらに重要になっていきそうですね

近代的な広告代理店の仕組みは、19世紀頃に生まれたと言われています。その当時から今に至るまで、広告代理店業者やコンサルティング業者にとって、「最適なキャンペーンのターゲティング」というのは常に重要な課題でしょう。近年は、インターネットの普及とともにネット広告の領域が大きく伸びています。ネット広告には従来の広告とは異なりさまざまな利点がありますが、その1つに「高精度なターゲティングができる」点があります。インターネット関連技術の発達とともに、さまざまな広告ターゲティング手法が生み出されてきました。例えば、以下のような手法が挙げられます。

- ✓ **行動ターゲティング**
  - ➡ ユーザーの行動に応じて最適と考えられる広告を出す手法
- ✓ **コンテンツ/コンテキストターゲティング**
  - ➡ Webページのコンテンツに応じて最適な広告を選択してユーザーに訴求する手法
- ✓ **リターゲティング**
  - ➡ 1度以上自社のWebページを閲覧したユーザーに対して広告を出し、購買意欲を訴求する手法

Recipe 4.1
レシピ

キャンペーンのための分析設計

用途例 データを使ってキャンペーンのための分析設計を行う

☑ データを収集しよう

☑ データの中身を確認して、使いやすいように整形しよう

 今回うちで新しく開発した商品について広告キャンペーンを実施したいと思っているんだけど、ちょっと意見を聞きたいんだ。いいかい？

広告ですか……。どういった媒体に出そうと考えているのでしょうか？

 うーん、TVのCMや新聞の折込ちらしを考えているよ。でも「どのくらい広告を出稿すればいいか」とか「どんな相手を想定してプランニングすればいいか」とか……ちょっと悩んでいてね

それならネット広告がいいかもしれませんね。過去のデータなどがあれば、それに合わせて最適なキャンペーン対象を見つけて、ターゲティングすることができます

 データを使ったキャンペーン対象の検討か……たしかに最近デジタルマーケティングなどといった言葉はよく聞くが、ちょっと具体的に解説してほしいんだよ

はい！では使えそうなデータを探してみます

課長、こんなデータがありました

過去の銀行のマーケティングデータか。そのまま使うことはできないかもしれないが、今回やろうとしていることの大体の流れは把握できそうだね。早速だが実演してみてくれるかな？

わかりました、では準備から始めましょう！

データの読み込み

今回使用するのは、2014年にポルトガルで行われた銀行のダイレクト・マーケティング・キャンペーンにおける、それぞれの顧客の属性データ（1～16行目）と、キャンペーンの結果データです。1～16行目に属性データ、17行目にキャンペーンの結果があります。

1～16列目の項目はそれぞれ以下のようになっています。

データ項目一覧

列	項目	列	項目
1	年齢	10	最後に電話した月
2	職業	11	最後に電話した曜日
3	婚姻歴	12	最後に電話した秒数
4	学歴	13	キャンペーン中の電話回数
5	破産歴	14	過去のキャンペーン中の電話回数
6	平均年収	15	最後に電話してからの日数
7	住宅ローン有無	16	キャンペーン前のコンタクト回数
8	個人ローン有無	17	キャンペーンの結果
9	電話方法		

17カラム目の「キャンペーンの結果（y）」（顧客が実際に預金契約をした［yes］か、しなかった［no］か）が、今回推定したい目標です。

	age	job	marital	education	default	balance	housing	loan	contact	day	month	duration	campaign	pdays	previous	poutcome	y	id
0	58	management	married	tertiary	no	2143	yes	no	unknown	5	may	261	1	-1	0	unknown	no	0
1	44	technician	single	secondary	no	29	yes	no	unknown	5	may	151	1	-1	0	unknown	no	1
2	33	entrepreneur	married	secondary	no	2	yes	yes	unknown	5	may	76	1	-1	0	unknown	no	2
3	47	blue-collar	married	unknown	no	1506	yes	no	unknown	5	may	92	1	-1	0	unknown	no	3
4	33	unknown	single	unknown	no	1	no	no	unknown	5	may	198	1	-1	0	unknown	no	4

キャンペーンの結果

　まずはデータをダウンロードしましょう。今回は、UCI（カリフォルニア大学アーバイン校）が公開している機械学習データセットを使用します。以下のWebサイトにアクセスして「Data Folder」のリンクから、zipファイル（bank.zip）をダウンロードします。

◆ UCI Machine Learning Repository

URL https://archive.ics.uci.edu/ml/datasets/bank+marketing

　解凍するといくつかのファイルが確認できます。今回使うのはbank-full.csvです。最初に、Pythonのデータ解析ライブラリ「pandas」をインポートします。

コード pandasライブラリのインポート

```
import pandas as pd
```

read_csv()を使う方法

　材料となる「bank-full.csv」を、Pythonで読み込みます。

　pandasでは、read_csv()を使うことでテキスト形式の表データを読み込むことができます。今回のデータは区切り文字（delimiter）がセミコロン（;）になっているので、変数として「delimiter=';'」と指定します。

　次に、各レコードにIDを振ります。pandasでは、RangeIndex()を使って、数列を生成することができます。新しいカラム名を指定して数列を代入することで、その列名のカラムを追加することができます。

コード データの読み込み（read_csv()を使った場合）

```
df = pd.read_csv('./bank/bank-full.csv', delimiter=';')
df['id'] = pd.RangeIndex(len(df))
```

read_table()を使う方法

pandasでは、read_table()を使うことでもテキスト形式の表データを読み込むことができます。デフォルトの区切り文字 (delimiter) がread_csv()ではカンマ (,) に、read_table()ではタブ (\t) になっています。read_csv()、read_table()のどちらを使っても、bankデータセットが読み込まれます。

コード データの読み込み (read_table()を使った場合)

```
df1 = pd.read_table('./bank/bank-full.csv', delimiter=';')
df['id'] = pd.RangeIndex(len(df))
```

データの分割

変数のデータフレーム「df_bank」と、正解ラベルのデータフレーム「df_label」に分割します。pandasでは、データフレーム (df) に対してリストでカラムを指定することができます。

コード ライブラリのインポート

```
from sklearn.model_selection import train_test_split
```

続いてデータを分割します。

コード データの分割

```
df_bank = df[[
              'id', 'age', 'job', 'marital', 'education',
              'default', 'balance', 'housing', 'loan',
              'contact', 'day', 'month', 'duration', 'campaign',
              'pdays', 'previous', 'poutcome'
              ]]
df_label = df[['id', 'y']]
```

〜完成〜

データの中身を確認しましょう。

shapeを使うことでデータフレームの形状を見ることができます。形状は(行数, 列数)の配列形式で出力されます。

コード データフレームの形状確認

```
print(df_bank.shape)
print(df_label.shape)
```

出力

```
(45211, 17)
(45211, 2)
```

実際のテーブルの中身も確認しておきます。

pandasでは、sample()を使うことでランダムにサンプルを抽出することができ、nでサンプル数を指定できます。また、random_stateでシードを固定することができます。

ただし、pandasでは、カラム数や行数が多すぎる場合は省略されてしまいます。もし省略したくない場合は、pd.set_option()を指定すれば、すべてのテーブルが確認できます。

コード サンプルデータの確認（一部）

```
pd.set_option('display.max_columns', 20, 'display.↵
width', 200)
print(df_bank.sample(n=5, random_state=777))
print(df_label.sample(n=5, random_state=777))
```

リセットしたいときは、pr.reset_option()でリセットしたいオプション名を指定します。全部をリセットしたいときは、allを指定します。

| コード | データ表示のリセット

```
pd.reset_option('display.max_rows', 'display.width')
pd.reset_option('all')
```

pandasのオプション指定ではwith句を用いることもできます。その場合、変更したオプションの値はwith句の中にしか影響しません。

| コード | with句を使ったオプションの指定

```
with pd.option_context('display.max_columns', 20, ↵
'display.width', 200):
    print(df_bank.sample(n=5, random_state=777))
    print(df_label.sample(n=5, random_state=777))
```

| 出力 |

	id	age	job	marital	education	default	balance	housing	loan	contact	day	month	duration	campaign	pdays	previous	poutcome	y
32881	32881	30	entrepreneur	married	primary	no	495	yes	no	cellular	17	apr	384	2	-1	0	unknown	no
43750	43750	53	technician	married	secondary	no	195	yes	no	cellular	19	may	472	1	90	6	success	yes
10167	10167	45	management	married	tertiary	no	1866	no	no	unknown	11	jun	116	7	-1	0	unknown	no
26702	26702	47	blue-collar	married	secondary	no	3070	no	no	cellular	20	nov	144	2	-1	0	unknown	no
14875	14875	39	blue-collar	married	primary	no	50	no	no	cellular	16	jul	147	2	-1	0	unknown	no

データそれぞれにIDが振られていることが確認できました。

Recipe 4.2
レシピ

過去データの整理

用途例 データ型や基礎統計量を確認する

☑ キャンペーンデータの概要を掴もう

☑ データを可視化してみよう

 データの準備については大体把握できたよ。ありがとう！

あっ、よかったです！ pandasではいろいろな方法でデータを扱うことができるので、そのときに一番いい方法を選んでいけばいいと思いますよ。基本的にはSQLの操作がわかっていれば、大体のことはできます

 なるほど、テーブルデータの扱いという意味では、SQLとやっていることは本質的には同じだもんね

はい。それで、次は中身を整理していこうと思うのですが……

 うん、そうだね。実際にどんなデータがあるのかとか、それは使えるのかとか……うちの過去データとの差も把握しておきたいな

Pythonでは、pandasとmatplotlibを使うことでデータの可視化をすることができますね

 そうか、では早速教えてくれないか？

データ型の確認

Recipe 4.1で作成したデータフレーム「df_bank」を使用します。

まずはキャンペーンデータの中身を見てみましょう。pandasではinfo()を実行することで、各カラムの要素数、NULLが含まれているかどうか、データ型などを確認することができます。

[コード] データ型の確認

```python
print(df_bank.info())
```

[出力]

```
<class 'pandas.core.frame.DataFrame'>
RangeIndex: 45211 entries, 0 to 45210
Data columns (total 17 columns):     ← カラム名
 #   Column     Non-Null Count  Dtype   ← データ型
---  ------     --------------  -----   ← レコード数と
 0   id         45211 non-null  int64      NULLの有無
 1   age        45211 non-null  int64
 2   job        45211 non-null  object
 3   marital    45211 non-null  object
 4   education  45211 non-null  object
 5   default    45211 non-null  object
 6   balance    45211 non-null  int64
 7   housing    45211 non-null  object
 8   loan       45211 non-null  object
 9   contact    45211 non-null  object
 10  day        45211 non-null  int64
 11  month      45211 non-null  object
 12  duration   45211 non-null  int64
 13  campaign   45211 non-null  int64
 14  pdays      45211 non-null  int64
 15  previous   45211 non-null  int64
 16  poutcome   45211 non-null  object
dtypes: int64(8), object(9)
memory usage: 5.9+ MB
None
```

「Column」がカラム名、「Non-Null Count」がレコード数とNullの行があるかどうか、「Dtype」がカラムのデータ型です。欠損値のあるカラムはないようです。

また、データ型から今回のデータには数値変数とカテゴリ変数が含まれていることがわかります。それぞれについて、統計量を確認してみましょう。

数値変数の分布確認

数値変数のカラムだけを使って、各変数の分布などを確認してみましょう。pandasでは、describe()を使うことで基礎統計量を確認することができます。

コード 数値変数の確認

```
df_bank_qual = df_bank[[
                        'age', 'balance', 'day', 'duration', ⏎
                        'campaign', 'pdays', 'previous'
                        ]]
with pd.option_context('precision', 2):
    print(df_bank_qual.describe())
```

出力

	age	balance	day	duration	campaign	pdays	previous
count	45211.00	45211.00	45211.00	45211.00	45211.00	45211.00	45211.00
mean	40.94	1362.27	15.81	258.16	2.76	40.20	0.58
std	10.62	3044.77	8.32	257.53	3.10	100.13	2.30
min	18.00	-8019.00	1.00	0.00	1.00	-1.00	0.00
25%	33.00	72.00	8.00	103.00	1.00	-1.00	0.00
50%	39.00	448.00	16.00	180.00	2.00	-1.00	0.00
75%	48.00	1428.00	21.00	319.00	3.00	-1.00	0.00
max	95.00	102127.00	31.00	4918.00	63.00	871.00	275.00

数値変数それぞれについて、count（要素数）、mean（平均）、std（標準偏差）、min（最小値）、25%（25パーセンタイル）、50%（中央値）、75%（75パーセンタイル）、max（最大値）が表示され、データの概要を得ることができます。

数値変数の分布確認

次に数値変数のカラムだけを使って、各変数の分布などを確認してみましょう。

数値変数についても、describe()を使うことで基礎統計量を確認することができ

ます。

コード 数値変数の確認

```
df_bank_quan = df_bank[[
                        'job', 'marital', 'education', ⏎
'default', 'housing', 'loan', 'contact', 'month', 'poutcome'
                        ]]
with pd.option_context('precision', 2):
    print(df_bank_quan.describe())
```

出力

	job	marital	education	default	housing	loan	contact	month	poutcome
count	45211	45211	45211	45211	45211	45211	45211	45211	45211
unique	12	3	4	2	2	2	3	12	4
top	blue-collar	married	secondary	no	yes	no	cellular	may	unknown
freq	9732	27214	23202	44396	25130	37967	29285	13766	36959

∽∽ 完 成 ∽∽

それぞれの変数について確認が済んだら、最後に可視化してみます。まず
は数値変数のヒストグラムを確認してみましょう。

Pythonでは、「matplotlib」というライブラリを用いることで、さまざまな
種類のグラフを描画することができます。また、「seaborn」というライブラ
リを用いると、matplotlibでは面倒なスタイル設定を簡単に行うことができ
ます。

コード ライブラリのインポート

```
import matplotlib.pyplot as plt
import seaborn as sns
```

コード 数値変数のヒストグラム出力

```
i=3
j=3
fig, axes = plt.subplots(nrows=i, ncols=j, figsize=(20,
16))

n = len(df_bank_qual.columns)
for k in range(i*j):
    ax=axes[k//3, k%3]
    if k <= n-1:
        sns.histplot(data=df_bank_qual, x=df_bank_qual.
columns[k], bins=16, kde=False, ax=ax)
        ax.set_title(df_bank_qual.columns[k])
    else:
        ax.axis('off')
plt.tight_layout()
plt.show()
```

出力

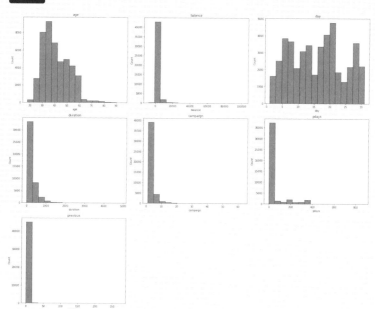

このままでは数が多いところと少ないところの差がわかりづらいので、縦軸を対数スケールにして見てみましょう。「set_yscale('log')」と指定すれば、グラフの軸を対数軸にすることができます。

コード 数値変数のヒストグラム出力（対数軸）

```
i=3
j=3
fig, axes = plt.subplots(nrows=i, ncols=j, figsize=(20,⏎
16))

n = len(df_bank_qual.columns)
for k in range(i*j):
    ax=axes[k//3, k%3]
    if k <= n-1:
        sns.histplot(data=df_bank_qual, x=df_bank_qual.⏎
columns[k], bins=16, kde=False, ax=ax)
        ax.set_yscale('log')
        ax.set_title(df_bank_qual.columns[k])
    else:
        ax.axis('off')
plt.tight_layout()
plt.show()
```

出力

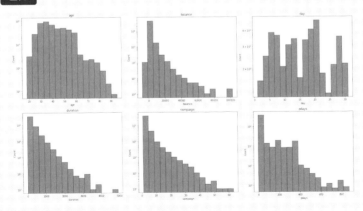

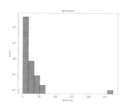

前のグラフで少なく見えていた部分にも、意外とデータがあることがわかります。オーダーが違うので全体への影響はあまりないかもしれませんが、重要な説明変数が混ざっている可能性もあるため、対数軸でデータを眺めてみるのは大切です。

次にカテゴリ変数について、ヒストグラムで確認してみましょう。

コード カテゴリ変数のヒストグラム出力

```python
i=3
j=3
fig, axes = plt.subplots(nrows=i, ncols=j, figsize=(20,
16))

n = len(df_bank_quan.columns)
for k in range(i*j):
    ax=axes[k//3, k%3]
    if k <= n-1:
        sns.histplot(data=df_bank_train_2, x=df_bank_
train_2.columns[k], kde=False, ax=ax)
        ax.set_title(df_bank_train_2.columns[k])
        ax.set_xticklabels(pd.unique(df_bank_train_2
[df_bank_train_2.columns[k]]), rotation=45)
    else:
        ax.axis('off')
plt.tight_layout()
plt.show()
```

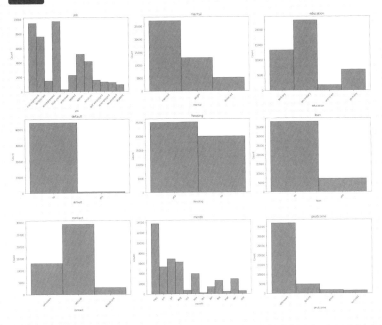

カテゴリ変数についても、縦軸を対数スケールにして見てみましょう。

コード カテゴリ変数のヒストグラム出力（対数軸）

```
i=3
j=3
fig, axes = plt.subplots(nrows=i, ncols=j, figsize=(20,
16))

n = len(df_bank_quan.columns)
for k in range(i*j):
    ax=axes[k//3, k%3]
    if k <= n-1:
        sns.histplot(data=df_bank_quan, x=df_bank_quan.
columns[k], kde=False, ax=ax)
        ax.set_yscale('log')
        ax.set_title(df_bank_quan.columns[k])
        ax.set_xticklabels(pd.unique(df_bank_quan[df_
```

```
bank_quan.columns[k]]), rotation=45)
    else:
        ax.axis('off')
plt.tight_layout()
plt.show()
```

出力

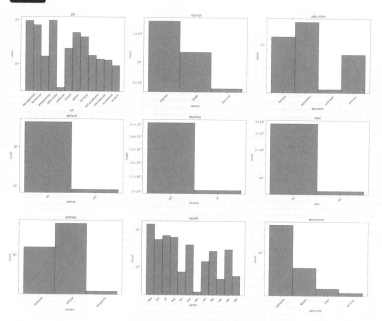

こちらはそれほど変数ごとにオーダーレベルの違いはないようです。それぞ
れについて変数の分布を可視化することができました。

Recipe 4.3

反応者／非反応者のクロス集計

用途例 反応者と非反応者の違いを確認する

☑ クロス集計表を使ってみよう

☑ 反応が異なるデータ同士の差異を可視化をしてみよう

データの中身もよく把握できたよ。綺麗に出力できるもんだね

はい、Pythonでは他にも可視化のライブラリや方法はあるので、その都度ベストな方法を選ぶのがいいと思います

うん、それで次なんだが……もうちょっとキャンペーン反応者と非反応者の違いなんかも見てみたいな

そうですよね、より細かくデータを把握するには、説明したい変数同士の違いを見ることが一番だと思います

それもPythonで行うことは可能かい？

もちろんです。Pythonでクロス集計して比較してみましょう

クロス集計を使った比較

テーブルの作成

　今回もRecipe 4.1で作成したデータフレームワーク「df_bank」を使用します。キャンペーン反応者と非反応者について、キャンペーンの結果と各変数とのクロス集計を行って、比較してみましょう。

　まずは、各変数のデータとキャンペーンの結果をまとめたテーブルを作ります。pandasではpd.merge()を使うことで、データフレーム同士を対応する値に基づいて結合することができます（SQLで言うところのjoinに相当）。

コード | テーブルの作成

```
df_bank_cross= pd.merge(df_bank, df_label, on='id')
print(df_bank_cross.sample(n=5, random_state=777))
```

出力

	id	age	job	marital	education	default	balance	housing	loan	contact	day	month	duration	campaign	pdays	previous	poutcome	y
32881	32881	30	entrepreneur	married	primary	no	495	yes	no	cellular	17	apr	384	2	-1	0	unknown	no
43750	43750	53	technician	married	secondary	no	195	yes	no	cellular	19	may	472	1	90	6	success	yes
10167	10167	45	management	married	tertiary	no	1866	no	no	unknown	11	jun	116	7	-1	0	unknown	no
26702	26702	47	blue-collar	married	secondary	no	3070	no	no	cellular	20	nov	144	2	-1	0	unknown	no
14875	14875	39	blue-collar	married	primary	no	50	no	no	cellular	16	jul	147	2	-1	0	unknown	no

　df_bankとdf_labelをidで結合したテーブルができました。

クロス集計

　作成したテーブルを用いてクロス集計します。pandasでは、pd.crosstab()を使うことでクロス集計ができます。pd.crosstab()の場合は、クロス集計の計算方法として頻度を使います。

　ここでは、反応の有無と職業でクロス集計を行います。「normalize」を指定することで、行方向・列方向、もしくは全体で値を正規化することができます。まずは列方向に正規化した結果を見てみましょう。

```
コード  クロス集計の実行（列方向に正規化）
```

```
print(pd.crosstab(df_bank_cross['marital'], df_bank_cross['y'], ⏎
normalize='columns'))
```

出力

y job	no	yes
admin.	0.113722	0.119304
blue-collar	0.226041	0.133863
entrepreneur	0.034167	0.023256
housemaid	0.028330	0.020609
management	0.204323	0.245982
retired	0.043785	0.097561
self-employed	0.034868	0.035356
services	0.094810	0.069767
student	0.016758	0.050860
technician	0.169255	0.158820
unemployed	0.027579	0.038192
unknown	0.006362	0.006428

　出力結果から、noの中ではblue-collar層が比較的多く、yesの中ではmanagement層が比較的多いことがわかります。

　続いて、行方向に正規化した結果も見てみましょう。

```
コード  クロス集計の実行（行方向に正規化）
```

```
print(pd.crosstab(df_bank_cross['marital'], df_bank_cross['y'], ⏎
normalize='index'))
```

出力

y job	no	yes
admin.	0.877973	0.122027
blue-collar	0.927250	0.072750

y	no	yes
entrepreneur	0.917283	0.082717
housemaid	0.912097	0.087903
management	0.862444	0.137556
retired	0.772085	0.227915
self-employed	0.881571	0.118429
services	0.911170	0.088830
student	0.713220	0.286780
technician	0.889430	0.110570
unemployed	0.844973	0.155027
unknown	0.884058	0.115942

　全体ではnoの方が多いですが、retired層やstudent層の中では比較的yesが多くなっている様子がわかります。

～∽完 成∽～

　最後に可視化の処理を行います。クロス集計の可視化には、ヒートマップがよく使われます。キャンペーンの結果とそれぞれの変数について、ヒートマップを作ります。seabornでは、heatmap()を使うことでヒートマップを簡単に描くことができます。
　まずは、列方向に正規化した結果を見てみましょう。

> コード ヒートマップの出力（列方向に正規化）

```
i=2
j=8
fig, axes = plt.subplots(nrows=i, ncols=j, figsize=(20,
10))

n = len(df_bank_cross.columns)
for k in range(n-2):
    ax=axes[k//j, k%j]
    if k <= n-1:
        sns.heatmap(data=pd.crosstab(df_bank_cross[df_
```

```
bank_cross.columns[k+1]], df_bank_cross['y'],
normalize='columns'), cmap='coolwarm', ax=ax)
        ax.set_title(df_bank_cross.columns[k+1])
    else:
        ax.axis('off')
plt.tight_layout()
plt.show()
```

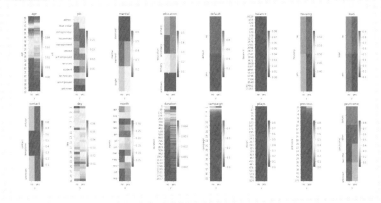

次に、行方向に正規化した結果を見てみましょう。

コード ヒートマップの出力（行方向に正規化）

```
i=2
j=8
fig, axes = plt.subplots(nrows=i, ncols=j, figsize=(20,
10))

n = len(df_bank_cross.columns)
for k in range(n-2):
    ax=axes[k//j, k%j]
    if k <= n-1:
    sns.heatmap(data=pd.crosstab(df_bank_cross[df_
bank_cross.columns[k+1]], df_bank_cross['y'],
normalize='index'), cmap='coolwarm', ax=ax)
```

```
        ax.set_title(df_bank_cross.columns[k+1])
    else:
        ax.axis('off')
plt.tight_layout()
plt.show()
```

出力

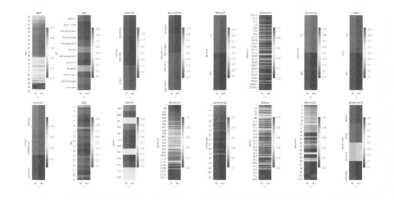

クロス集計によって、キャンペーンの効果に関して、変数ごとに違う傾向が
あることがわかります。

Recipe 4.4
レシピ

ロジスティック回帰モデルの構築

用途例 ロジスティック回帰モデルを使って反応率を予測・改善
する

☑ 出稿ターゲットの最適化を行おう

☑ モデルを使って出稿ターゲットの改善を行おう

ヒートマップにすると見やすくていいなあ。これは色も変えられたりするのかい？

はい、使うことのできるカラーパレットはさまざまありますので、一番データが見易くなるものを選ぶのがいいと思います

なるほど、例えば作成資料の背景が暗いときは暖色で統一されたものを使うとか、最小値と最大値の差を見たいときは反対の色へと変化していくものを使うとか、工夫できそうだね

はい、カラーパレットはMatplotlibやSeabornのWebでチェックできますよ

ありがとう、後で教えてもらえるかな

わかりました。最後に、それぞれの反応率についてモデルを作って分析したいと思うのですが……

お！それっぽくなってきたね。よろしく頼むよ

ロジスティック回帰モデル

　反応率の予測を行います。今回は「ロジスティック回帰モデル」を使います。ロジスティック回帰は、回帰モデルの一種です。Part 3では一般的な回帰分析を行いましたが、ロジスティック回帰の目的変数は、確率値になります。

　ロジスティック回帰の回帰式は、次のように表されます。

$$logit\,(P) = log\left(\frac{P}{1-P}\right) = a_1x_1 + a_2x_2 + ... + a_nx_n + b$$

　線形回帰の目的変数が$logit()$、確率が説明変数になります。

　Recepi 4.2で作成した、df_bank_qual_lrとdf_bank_quan_lrを使用します。

変数の変換

　まずはデータのうち、質的変数をダミー変数に変換します。pandasでは、pd.get_dummies()を用いることで質的変数をダミー変数にすることができます。

| コード | 質的変数の出力

```
print(pd.get_dummies(df_bank_quan).columns)
```

出力

```
Index(['id', 'age', 'balance', 'day', 'duration', 'campaign',
       'pdays', 'previous', 'job_admin.', 'job_blue-collar',
       'job_entrepreneur', 'job_housemaid', 'job_management',
       'job_retired', 'job_self-employed', 'job_services',
       'job_student', 'job_technician', 'job_unemployed',
       'job_unknown', 'marital_divorced', 'marital_married',
       'marital_single', 'education_primary',
       'education_secondary', 'education_tertiary',
       'education_unknown', 'default_no', 'default_yes',
       'housing_no', 'housing_yes', 'loan_no', 'loan_yes',
       'contact_cellular', 'contact_telephone',
```

```
         'contact_unknown', 'month_apr', 'month_aug', 'month_dec',
         'month_feb', 'month_jan', 'month_jul', 'month_jun',
         'month_mar', 'month_may', 'month_nov', 'month_oct',
         'month_sep', 'poutcome_failure', 'poutcome_other',
         'poutcome_success', 'poutcome_unknown'], dtype='object')
```

ロジスティック回帰を使うときには、「多重共線性」に注意しなくてはいけません。

多重共線性とは、複数の変数があったときに1つの変数が他の変数によって説明できる状態のことを言います。変数間に多重共線性があると、回帰において正確な式を求めることができなくなります。

pandasでは、「drop_first=True」と指定することで、変数のうち最初のカテゴリのカラムを取り除くことができます。

コード カラムの除去

```
print(pd.get_dummies(df_bank_quan).columns, drop_first=True)
```

出力

```
Index(['id', 'age', 'balance', 'day', 'duration', 'campaign',
        'pdays', 'previous', 'job_blue-collar',
        'job_entrepreneur', 'job_housemaid', 'job_management',
        'job_retired', 'job_self-employed', 'job_services',
        'job_student', 'job_technician', 'job_unemployed',
        'job_unknown', 'marital_married', 'marital_single',
        'education_secondary', 'education_tertiary',
        'education_unknown', 'default_yes', 'housing_yes',
        'loan_yes', 'contact_telephone', 'contact_unknown',
        'month_aug', 'month_dec', 'month_feb', 'month_jan',
        'month_jul', 'month_jun', 'month_mar', 'month_may',
        'month_nov', 'month_oct', 'month_sep', 'poutcome_other',
        'poutcome_success', 'poutcome_unknown'], dtype-'object')
```

今回は、「drop_first=True」としたデータを使用します。

コード 変数の変換

```
df_bank_quan_lr=pd.get_dummies(df_bank_quan, drop_first=True)
df_bank_quan_lr.sample(n=5, random_state=777)
```

出力

	job_blue-collar	job_entrepreneur	job_housemaid	job_management	job_retired	job_self-employed	job_services	job_student	job_technician
32881	0	1	0	0	0	0	0	0	0
43750	0	0	0	0	0	0	0	0	1
10167	0	0	0	1	0	0	0	0	0
26702	1	0	0	0	0	0	0	0	0
14875	1	0	0	0	0	0	0	0	0

	job_unemployed	job_unknown	marital_married	marital_single	education_secondary	education_tertiary	education_unknown	default_yes	housing_yes
32881	0	0	1	0	0	0	0	0	1
43750	0	0	1	0	1	0	0	0	0
10167	0	0	1	0	0	1	0	0	0
26702	0	0	1	0	1	0	0	0	0
14875	0	0	1	0	0	0	0	0	0

	loan_yes	contact_telephone	contact_unknown	month_aug	month_dec	month_feb	month_jan	month_jul	month_jun
32881	0	0	0	0	0	0	0	0	0
43750	0	0	0	0	0	0	0	0	0
10167	0	0	1	0	0	0	0	0	1
26702	0	0	0	0	0	0	0	0	0
14875	0	0	0	0	0	0	0	1	0

	month_mar	month_may	month_nov	month_oct	month_sep	poutcome_other	poutcome_success	poutcome_unknown
32881	0	0	0	0	0	0	0	1
43750	0	1	0	0	0	0	1	0
10167	0	0	0	0	0	0	0	1
26702	0	0	1	0	0	0	0	1
14875	0	0	0	0	0	0	0	1

　質的データを0、1のダミー変数に変換することができました。

　続いて数値変数を正規化しましょう。正規化はライブラリscikitlearn（sklearn）のMinMaxScalerモジュールを使って行うことができます。なお、MinMaxScaler()の返り値はnumpyの配列になるので注意が必要です。

```
from sklearn.preprocessing import MinMaxScaler

df_bank_qual
MMS = MinMaxScaler()
df_bank_qual_lr=pd.DataFrame(MMS.fit_transform(df_bank_qual))
df_bank_qual_lr.columns=df_bank_qual.columns
print(df_bank_qual_lr.describe())
df_bank_qual_lr.sample(n=5, random_state=777)
```

出力

	age	balance	...	pdays	previous
count	45211.000000	45211.000000	...	45211.000000	45211.000000
mean	0.297873	0.085171	...	0.047245	0.002110
std	0.137906	0.027643	...	0.114827	0.008376
min	0.000000	0.000000	...	0.000000	0.000000
25%	0.194805	0.073457	...	0.000000	0.000000
50%	0.272727	0.076871	...	0.000000	0.000000
75%	0.389610	0.085768	...	0.000000	0.000000
max	1.000000	1.000000	...	1.000000	1.000000

	age	balance	day	duration	campaign	pdays	previous
32881	0.155844	0.077297	0.533333	0.078081	0.016129	0.000000	0.000000
43750	0.454545	0.074574	0.600000	0.095974	0.000000	0.104358	0.021818
10167	0.350649	0.089745	0.333333	0.023587	0.096774	0.000000	0.000000
26702	0.376623	0.100675	0.633333	0.029280	0.016129	0.000000	0.000000
14875	0.272727	0.073257	0.500000	0.029890	0.016129	0.000000	0.000000

各変数が0〜1に正規化されました。

仕上げに1つのデータフレームにしましょう。

コード データフレームの結合

```
df_bank_lr=pd.concat([df_bank['id'], df_bank_qual_lr, df_bank_↵
quan_lr], axis=1)
```

目的変数のyesとnoを、1と0の値に変換します。pandasでは、pd.unique()を使うことで、カラムのユニークな値を見ることができます。

コード 値の変換

```
df_label_lr=copy(df_label)
df_label_lr['y']=df_label_lr['y'].map(lambda x: 0 if x=='no' ⏎
else 1)

print(pd.unique(df_label['y']))
print(pd.unique(df_label_lr['y']))
```

出力

```
['no' 'yes']
[0 1]
```

0と1の2値に変換できていることが確認できます。

データの分割

データを、trainデータとtestデータ、validationデータの3つに分割しましょう。分割は、sklearnのtrain_test_split()を使うことで簡単に行うことができます。

test_sizeでテストデータに含まれるレコードの数を指定します。1-(test_size)がトレーニングデータのレコード数となります、test_sizeでは、実際の個数で指定することができます。

コード データの分割

```
df_bank_train, df_bank_testval, df_label_train, df_label_⏎
testval = train_test_split(
    df_bank_lr, df_label_lr, test_size=0.6, stratify=df_⏎
label['y'], random_state=777
    )
df_bank_test, df_bank_val, df_label_test, df_label_val = ⏎
train_test_split(
    df_bank_testval, df_label_testval, test_size=0.5, ⏎
stratify=df_label_testval['y'], random_state=777
    )
print(df_bank_train.shape)
```

```
print(df_bank_test.shape)
print(df_bank_val.shape)
print(df_label_train.shape)
print(df_label_test.shape)
print(df_label_val.shape)
```

出力

```
(18084, 43)
(13563, 43)
(13564, 43)
(18084, 2) ◀━━ train
(13563, 2) ◀━━ test
(13564, 2) ◀━━ validation
```

　データがおおよそ、train：test：validation＝4：3：3に分割できたことがわかります。これらのデータを使ってモデルを作りましょう。

ロジスティック回帰モデルの実行

sklearnモジュールのインポート

　sklearnモジュールをインポートします。

コード sklearnモジュールのインポート

```
from sklearn.linear_model import LogisticRegression
```

　sklearnモジュールのロジスティック回帰には、以下のような3つのハイパーパラメータが指定できます。今回は、特にパラメータの設定は行わずに使用します。

パラメータ名	説明
penalty	正則化の方法（L1 or L2）
C	正則化の強さ
random_state	乱数のシード

LogisticRegressionの実行

LogisticRegressionを実行して、モデルを作っていきましょう。まずはあまり考えずにすべての変数を使ってモデルを作ってみます。

コード LogisticRegressionの実行

```
from sklearn.linear_model import LogisticRegression

x1=df_bank_train.drop('id', axis=1).values
y1=df_label_train['y'].values

lr_all = LogisticRegression()
lr_all.fit(x1, y1)
```

出力

```
/usr/local/lib/python3.7/dist-packages/sklearn/linear_model/_
logistic.py:940: ConvergenceWarning: lbfgs failed to converge
(status=1):
STOP: TOTAL NO. of ITERATIONS REACHED LIMIT.
```

実行すると、上のなエラーが表示されるはずです。これは、モデルが収束する前に計算が終わってしまった場合に表示されるエラーです。エラーを回避するには、計算回数を増やす必要があります。

コード LogisticRegressionの実行（計算回数を指定）

```
lr_all = LogisticRegression(max_iter=1000)
lr_all.fit(x1, y1)
```

今度はエラーが表示されず、最後まで実行されます。

変数の選択

モデルを作って反応因子を特定するにあたって、変数を選択していく必要があります。変数の選択には、以下の方法が知られています。

方法名	説明
強制投入法	全独立変数を使う方法

方法名	説明
変数指定法	現象について何らかの事前知識がある場合に効果的だと知られている変数を指定して使う方法
総当たり法	すべての変数の組み合わせについて精度を検証して、最もよかった組み合わせを採用する方法
逐次選択法	統計的に最も影響の大きいと考えられる変数から順番に追加していく、もしくは最も影響の小さいと考えられる変数から順番に削除していく方法

　各変数が正規化してある場合は、それぞれの変数の係数がそのまま結果に対する影響の大きさになります。

～∽完 成∽～

それぞれのモデルの精度を見てみましょう。

モデルによる推定は、「model.predict(y)」とすることで求めることができます。

コード ロジスティック回帰モデルによる推定

```python
X1=df_bank_test.drop('id', axis=1).values
Y1=df_label_test['y'].values
pred1=lr_all.predict(X1)
corr1=Y1

i=0
j=len(pred1)
for c, p in zip(corr1, pred1):
    if c==p:
        i+=1
print(f'正解率: {i}/{j}={i/j}')
```

出力

```
12209/13563=0.9001695790016958
```

全変数を使ったモデルでは、およそ0.90の正解率を出すことができています。

もし過学習を避けたいときは、ハイパーパラメータで正則化の方法 (L1 or L2) や強さを変更することで調整が可能ですので、設定を見直してみましょう。

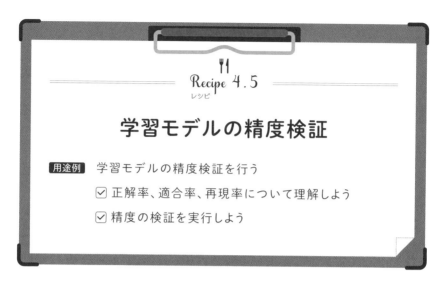

Recipe 4.5
レシピ

学習モデルの精度検証

用途例 学習モデルの精度検証を行う

☑ 正解率、適合率、再現率について理解しよう

☑ 精度の検証を実行しよう

モデルが無事にできたね。ところでこのモデルがどの程度正しいものなのか、どう判断したらいいんだい？

そうですね、最後に精度を検証してみましょうか。精度と言っても幾つかあるのですが……

ほう、いろいろあるんだね。それぞれどんな意味があるのか説明してくれないか？

ではひとつずつ説明しましょう

それと……こんなに計算しないといけないのかい？

それもsklearnには便利なモジュールがあるので一緒に説明します！

精度の検証方法

Recipe 4.4で作成したモデルが推定した結果を用います。

TP、TN、FN、FP

二値分類モデルにテストデータを当てはめたとき、各レコードには「推定結果のクラス」と「実際のクラス」がそれぞれ付与されます。

推定結果のクラスとしては、正（Positive）と負（Negative）が考えられます。また、実際のクラスでも、正（True）と負（False）が考えられます。このとき、推定結果のクラスが実際のクラスも正だった場合のレコードの数を「TP」、推定結果のクラスが正で実際のクラスが負だった場合のレコードの数を「FP」、推定結果のクラスが負で実際のクラスが正だった場合のレコードの数を「FN」、推定結果のクラスが負で実際のクラスが負だった場合のレコードの数を「TN」と呼びます。

正解率（accuracy）

「正解率」は、どれだけのレコードを正しいクラスに推定することができるかを表します。上のTP、TN、FN、FPを使って、以下のような計算式で表されます。

$$accuracy = \frac{TP + TN}{TP + FN + FP + TN}$$

適合率（precision）

「適合率」は、任意のクラスに推定されたレコードのうち、実際にどれだけが本当にそのクラスだったのかを表します。上のTP、TN、FN、FPを使って以下のような計算式で表されます。

$$precision = \frac{TP}{TP + FP}$$

再現率（recall）

「再現率」は、実際に任意のクラスに分類されるレコードのうち、どれだけを正確に推定することができたかを表します。上のTP、TN、FN、FPを使って以下のような計算式で表されます。

$$recall = \frac{TP}{TP + FN}$$

F1値（F1-score）

適合率と再現率が求まったとき、以下のような適合率と再現率の両方を見ることができるような式（調和平均と呼ばれます）で表せられる値を、「F1値」と呼びます。先に説明したprecisionとrecallを使って、以下のような計算式で表されます。

$$F1 = \frac{2 \times precision \times recall}{precision + recall}$$

混合行列（confusion matrix）

「混同行列」は、TP、TN、FN、FPを以下のようにクロス集計表にして可視化したものです。

		推定結果	
		P	N
正解	P	TP	FP
	N	FN	TN

多クラス分類のときも考え方は同じです。sklearn.metricsモジュールの「accuracy_score」「precision_score」「recall_score」「f1_score」「confusion_matrix」で、それぞれ正解率、適合率、再現率、F1値、混同行列を計算することができます。

また、classification_report()を使うことで簡単なレポートを出力することができます。

精度の検証

sklearn.metricsモジュールをインポートします。

コード sklean.metricsモジュールのインポート

```
from sklearn.metrics import accuracy_score precision_score ↵
recall_score f1_score confusion_matrix classification_report
```

∽完成∽

正解率、適合率、再現率、F1値はclassification_reportでも出力ができるので、今回はclassification_reportを使います。指定はそれぞれ

```
classification_report([正解の配列], [推定結果の配列])
```

と記述します。

コード

```
from sklearn.metrics import confusion_matrix,
classification_report

print(confusion_matrix(corr1, pred1))
print(classification_report(corr1, pred1))
```

出力

```
[[11732    245]
 [ 1109    477]]
              precision    recall  f1-score   support

           0       0.91      0.98      0.95     11977
           1       0.66      0.30      0.41      1586

    accuracy                           0.90     13563
   macro avg       0.79      0.64      0.68     13563
weighted avg       0.88      0.90      0.88     13563
```

次に、validationデータを使ってモデルを活用します。まず、モデルで1の確率が高いと推定されたユーザーに対して、実際にどの程度1だったのかを確かめてみましょう。
先程はmodel.fitでmodelによる推定を行いましたが、model.predict_probaとすることで、モデルがクラスごとにどのような確率を出したかを出力することができます。また、pandasではvalue_countsを使うことでカ

Part 4
キャンペーンデータ×ロジスティック回帰分析モデル

ラムの値に対するレコード数を数えることができます。

コード　推定の検証（validationデータ）

```python
import numpy as np

X2=df_bank_val.drop('id', axis=1).values
Y2=df_label_val['y'].values
pred2=lr_all.predict_proba(X2)
corr2=Y2
df_val_prob=pd.DataFrame(np.concatenate([pred2,
Y2.reshape(-1, 1)], axis=1), columns=['0', '1',
'corr']).sort_values('1', ascending=False)
df_val_prob.head(round(len(df_val_prob)*0.3)).value_
counts('corr')
```

出力

```
corr
0.0    2664
1.0    1405
dtype: int64
```

続いて、ランダムに30%のデータを取ってみます。

コード

```python
df_label_val.sample(n=round(len(df_label_val)*0.3),
random_state=777).value_counts('y')
```

出力

```
y
0    3582
1     487
dtype: int64
```

ランダムにサンプリングしたものと比べて、y=1（キャンペーン結果が有効
だったもの）の確率が高いデータには実際にy=1のレコードが多いことが
わかります。

最後に、モデルを使ったマーケティング施策の分析を行います。今、30%の
データを取ってきましたが、30%というのは本当に妥当な数字なのでしょう
か？ ロジスティック回帰を使ったマーケティング施策の損益分岐点を求め
てみます。

DMを1件を制作／発送する料金は70円としました。また、1件契約が取
れるごとに収益は100円であると仮定します。

コード | 損益分岐点の計算

```python
def analysis_break_even(df_val_prob):
    react_rate=[]
    records=[]
    react_means=[]
    react_nums=[]
    costs=[]
    revenues=[]
    for r in range(10):
        rate = (r+1)*0.1
        react_rate.append(rate)
        record = round(len(df_val_prob)*rate*0.1)
        records.append(record)
        react_mean=df_val_prob.head(record).value_
counts('corr')[1]/record
        react_means.append(react_mean)
        react_num=df_val_prob.head(record).value_
counts('corr')[1]
        react_nums.append(react_num)
        cost=70*record
        costs.append(cost)
        revenue=100*react_num
        revenues.append(revenue)
    result=pd.DataFrame({
        '反応率上位': react_rate,
        '件数': records,
        '平均反応率': react_means,
```

```
                '反応数': react_nums,
                'コスト':costs,
                '期待収益':revenues,
                '利益': [r-c for r, c in zip(revenues, costs)]
            })
        return result


print(analysis_break_even(df_val_prob))
```

出力

反応率上位	件数	平均反応率	反応数	コスト	期待収益	利益
0.1	136	0.764706	104	9520	10400	880
0.2	271	0.726937	197	18970	19700	730
0.3	407	0.717445	292	28490	29200	710
0.4	543	0.709024	385	38010	38500	490
0.5	678	0.696165	472	47460	47200	-260
0.6	814	0.675676	550	56980	55000	-1980
0.7	949	0.663857	630	66430	63000	-3430
0.8	1085	0.645161	700	75950	70000	-5950
0.9	1221	0.618346	755	85470	75500	-9970
1	1356	0.599558	813	94920	81300	-13620

計算の結果、大体確率が上位40%のユーザーまでは利益が出ることがわかりました。逆に、0.5%を超えるとリーチできる数は増えますが、損失の方が大きくなりそうです。利益という意味では、上位40〜50%の間というのが損益分岐点と言えそうです。精度とモデルを使った損益分岐点の分析を出すことができました。

Part 5

調査データ

コレスポンデンス分析モデル

Part 5 introduction

調査データを要約したい

Part 5では、過去の調査データ（アンケートデータなど）を利用した、データの要約・縮約の方法を解説していきます。調査データに質問項目が多い場合、うまく全体像を把握するためにはデータを要約する必要があります。

今回は、調査データの要約の方法を考えてみましょう

はい。そもそもなぜデータを要約する必要があるのでしょうか？

人が直感的に捉えることができる情報には限界があるからです。質問項目が4項目以上ある場合、項目同士の関係を直感的に把握することが難しくなります。例えば、項目が2つなら2次元の散布図プロットにすればよいですし、3つでも3次元の散布図プロットにすればギリギリ把握することができるでしょう。しかし4つ以上になると、1つの図で可視化することが難しくなります

なるほど……可視化にはどのような方法がありますか？

散布図行列で、2項目の組み合わせの関係を見るというのは1つの方法ですね。他にはレーダーチャートや平行座標プロットのように、項目を並列した変数として扱うことで可視化する手法もありますね

4項目以上だと、そのように単に並べるだけではいけないのでしょうか？

もちろん、基礎的な項目同士の関係を捉えるためには十分ですが、さらに踏み込んでデータの隠れた構造を見抜くためには、次元縮約のような方法が大切になります

なるほど。いろいろな方法を知っておくことで、多面的に物事を捉えられるのですね

ある物事について人がどう思っているのかを知りたいとき、最も簡単な方法は"相手に実際に聞いてみる"ことです。行政や市場などでもさまざまな場面において、調査やアンケートが行われています。

　例えば、国が国民の生活を把握するため行う国勢調査なども、一種の調査データです。はじめての大規模な国勢調査は1790年にアメリカで行われました。以来、さまざまな国で国民生活の実態を把握するために行われています。日本では1920年から本格的な国勢調査が行われるようになり、そのデータは公共政策の決定や、地域レベルでの行政の調整などに使われています。

　マーケティングの現場でも、さまざまな調査が行われています。世の中には多くの調査会社が存在しますし、そこから提供されるデータは、皆さんがマーケティング施策を決定する助けになるでしょう。ただし、データの収集においては、いくつかの点に気をつけなければなりません。

　まず、強制力のある調査でない場合、アンケートに答えてくれるのは調査に好意的な一部の人だけになってしまいます。バイアスに気をつけましょう。

　また、質問の仕方にも気をつける必要があります。選択肢を恣意的に選ぶことで、調査結果は簡単にねじ曲がってしまいます。できるだけ客観的な選択肢をそろえるように設計します。

　さらに質問の集め方も重要です。例えば日本の街頭でアメリカ人に対して意識調査を行っても、それは日本に在住されてたり、旅行に来ている人の意識調査であって、一般的なアメリカ人についてはあまり多くのことはわかりません。

※　※　※

　近年では自然言語処理や画像処理を用いて、SNSや口コミサイトなどの生の声から、直接的にデータを集めたりもされています。できるだけ生の声を直接集めることで、自然な状態のデータを収集することができます。

　Part 5では、過去の調査データを利用した、データの要約・縮約の方法を解説していきます。

Recipe 5.1
レシピ

調査データの分析設計

用途例 調査データを使った市場把握のための分析設計を行う

☑ データを収集しよう

☑ 調査データの中身を確認して、使いやすいように整形しよう

今度うちで作る商品について事前に市場調査してみたんだけど、項目を多くしすぎて全体像がつかみづらいんだ

そうですね、人間が感覚的に捉えることができる特徴は2、3種類です。なので、特徴が多すぎる場合は、特徴を縮約したり意味のない項目を削除したり（次元圧縮）する必要があります

おお、まさにそうなんだよ。何となく特徴みたいなものは見えてきたんだが、説明するには漠然としすぎていてね。いい方法は知ってるかい？

いくつかありますね。今回はその中でもマーケティング分野でよく使われる「コレスポンデンス分析」をしてみましょう

あっ、たまに資料で見かける2次元に落とし込むやつだね？

それです！ 日本語では、「対応分析」や「数量化法3類」とか呼ばれていたりします

よし、まずは調査データの用意から始めよう

データの入手

　今回使用するのは、1987年のウォードの自動車年鑑のデータです 。1〜26列目の項目は、それぞれ以下のようになっています。

データ項目一覧

0	保険リスク	13	車重
1	normalized-losses（正常欠損）	14	エンジンのタイプ
2	メーカー	15	シリンダーの数
3	吸気のタイプ	16	エンジンサイズ
4	エンジンのタイプ	17	燃料システム
5	ドアの数	18	エンジンの内径
6	車のタイプ	19	エンジンのストローク
7	駆動輪	20	圧縮比
8	エンジンの位置	21	馬力
9	ホイールベース	22	最高出力
10	車長	23	市街での燃費
11	車幅	24	高速道路での燃費
12	車高	25	価格

実際のデータ

	symboling	normalized-losses	make	fuel-type	aspiration	num-of-doors	body-style	drive-wheels	engine-location	wheel-base	length	width	height
0	3	?	alfa-romero	gas	std	two	convertible	rwd	front	88.6	168.8	64.1	48.8
1	3	?	alfa-romero	gas	std	two	convertible	rwd	front	88.6	168.8	64.1	48.8
2	1	?	alfa-romero	gas	std	two	hatchback	rwd	front	94.5	171.2	65.5	52.4
3	2	164	audi	gas	std	four	sedan	fwd	front	99.8	176.6	66.2	54.3
4	2	164	audi	gas	std	four	sedan	4wd	front	99.4	176.6	66.4	54.3

curb-weight	engine-type	num-of	engine-size	fuel-system	bore	stroke	compression-ratio	horsepower	peak-rpm	city-mpg	highway-mpg	price
2548	dohc	four	130	mpfi	3.47	2.68	9.0	111	5000	21	27	13495
2548	dohc	four	130	mpfi	3.47	2.68	9.0	111	5000	21	27	16500
2823	ohcv	six	152	mpfi	2.68	3.47	9.0	154	5000	19	26	16500
2337	ohc	four	109	mpfi	3.19	3.40	10.0	102	5500	24	30	13950
2824	ohc	five	136	mpfi	3.19	3.40	8.0	115	5500	18	22	17450

モジュールのインポート

　まずはサンプルデータをダウンロードします。以下のWebサイトにアクセスして「Data Folder」のリンクからcsvファイル（import-85.data）をダウンロードします。

◆ UCI : Mechine Learning Repository

URL https://archive.ics.uci.edu/ml/datasets/automobile

続けて、データの処理や可視化をサポートするpandasライブラリをインポートします。

コード pandasのインポート

```
import pandas as pd
```

~~~ 完成 ~~~

データをPythonで読み込みます。import-85.dataはcsvファイルなので、今までと同じようにpandasのread_csv()で表データを読み込みます。

コード データの読み込み

```
df_autos = pd.read_csv('./imports-85.data', ⏎
delimiter=',')

df_autos.sample(n=5, random_state=777)
```

出力

	3	?	alfa-romero	gas	std	two	convertible	rwd	front	88.60	168.80	64.10	48.80
12	0	188	bmw	gas	std	four	sedan	rwd	front	101.2	176.8	64.8	54.3
195	-2	103	volvo	gas	std	four	sedan	rwd	front	104.3	188.8	67.2	56.2
151	1	74	toyota	gas	std	four	hatchback	fwd	front	95.7	158.7	63.6	54.5
162	1	168	toyota	gas	std	two	sedan	rwd	front	94.5	168.7	64.0	52.6
137	2	83	subaru	gas	std	two	hatchback	fwd	front	93.7	156.9	63.4	53.7

	2548	dohc	four	130	mpfi	3.47	2.68	9.00	111	5000	21	27	13495
12	2765	ohc	six	164	mpfi	3.31	3.19	9.0	121	4250	21	28	21105
195	2935	ohc	four	141	mpfi	3.78	3.15	9.5	114	5400	24	28	15985
151	2015	ohc	four	92	2bbl	3.05	3.03	9.0	62	4800	31	38	6488
162	2169	ohc	four	98	2bbl	3.19	3.03	9.0	70	4800	29	34	8058
137	2050	ohcf	four	97	2bbl	3.62	2.36	9.0	69	4900	31	36	5118

出力を確認すると、1行目のデータがカラムに入っていることがわかります。今回のようにヘッダーがないタイプのデータは、読み込む際に「header=None」と指定して、nameに配列を代入することでカラム名を指定することができます。

コード データの読み込み（ヘッダー指定）

```
df_autos = pd.read_csv('./imports-85.data',
        delimiter=',', header=None,
        names=['symboling','normalized-losses',
                'make', 'fuel-type', 'aspiration',
                'num-of-doors', 'body-style',
                'drive-wheels', 'engine-location',
                'wheel-base', 'length', 'width',
                'height', 'curb-weight', 'engine-type',
                'num-of', 'engine-size','fuel-system',
                'bore:', 'stroke','compression-ratio',
                'horsepower', 'peak-rpm', 'city-mpg',
                'highway-mpg','price'])
df_autos.sample(n=5, random_state=777)
```

出力

	symboling	normalized-losses	make	fuel-type	aspiration	num-of-doors	body-style	drive-wheels	engine-location	wheel-base	length	width	height
12	0	188	bmw	gas	std	two	sedan	rwd	front	101.2	176.8	64.8	54.3
202	-1	95	volvo	gas	std	four	sedan	rwd	front	109.1	188.8	68.9	55.5
33	1	101	honda	gas	std	two	hatchback	fwd	front	93.7	150.0	64.0	52.6
75	1	?	mercury	gas	turbo	two	hatchback	rwd	front	102.7	178.4	68.0	54.8
175	-1	65	toyota	gas	std	four	hatchback	fwd	front	102.4	175.6	66.5	53.9

	curb-weight	engine-type	num-of	engine-size	fuel-system	bore:	stroke	compression-ratio	horsepower	peak-rpm	city-mpg	highway-mpg	price
12	2710	ohc	six	164	mpfi	3.31	3.19	9.0	121	4250	21	28	20970
202	3012	ohcv	six	173	mpfi	3.58	2.87	8.8	134	5500	18	23	21485
33	1940	ohc	four	92	1bbl	2.91	3.41	9.2	76	6000	30	34	6529
75	2910	ohc	four	140	mpfi	3.78	3.12	8.0	175	5000	19	24	16503
175	2414	ohc	four	122	mpfi	3.31	3.54	8.7	92	4200	27	32	9988

ヘッダーが追加され、データを読み込むことができました。

Recipe 5.2
レシピ

調査データの準備

用途例 調査データの中身を整理する

☑ 調査データの概要をつかもう

☑ 扱いやすいようにデータの中身を整理してみよう

この前の調査のデータが手元に届いたんだけど……やっぱり前処理的なことは必要だよね?

はい、もちろん必要です! 選択式ならまだいいですが、記述式の調査データだと予期せぬ答えや欠損値などが紛れ込んでしまうので、それらを扱えるフォーマットに直す必要がありますね

やっぱりそうだよな。いろいろ教えてもらったから、データの扱いも少しずつ慣れてきたよ。今回はどうすればいいんだい?

では調査データの準備と前処理から始めましょう

データ型の確認

Recipe5.1で用意したdf_autosを使用します。まずはデータ型を見てみましょう。

コード データ型の確認

```
df_autos.info()
```

```
<class 'pandas.core.frame.DataFrame'>
RangeIndex: 205 entries, 0 to 204
Data columns (total 26 columns):
 #   Column             Non-Null Count  Dtype
---  ------             --------------  -----
 0   symboling          205 non-null    int64
 1   normalized-losses  205 non-null    object
 2   make               205 non-null    object
 3   fuel-type          205 non-null    object
 4   aspiration         205 non-null    object
 5   num-of-doors       205 non-null    object
 6   body-style         205 non-null    object
 7   drive-wheels       205 non-null    object
 8   engine-location    205 non-null    object
 9   wheel-base         205 non-null    float64
 10  length             205 non-null    float64
 11  width              205 non-null    float64
 12  height             205 non-null    float64
 13  curb-weight        205 non-null    int64
 14  engine-type        205 non-null    object
 15  num-of             205 non-null    object
 16  engine-size        205 non-null    int64
 17  fuel-system        205 non-null    object
 18  bore               205 non-null    object
 19  stroke             205 non-null    object
 20  compression-ratio  205 non-null    float64
 21  horsepower         205 non-null    object
 22  peak-rpm           205 non-null    object
 23  city-mpg           205 non-null    int64
 24  highway-mpg        205 non-null    int64
 25  price              205 non-null    object
dtypes: float64(5), int64(5), object(16)
memory usage: 41.8+ KB
```

Part 5

調査データ×コレスポンデンス分析モデル

欠損値はないようですが、数値カラムのはずのbore（エンジンの内径）、stroke（エンジンのストローク）、horsepower（馬力）などがなぜか文字列カラムとして読み込まれているのが確認できます。これは値に数字以外（例えば「?」や「-」など）が入っていると起きる現象で、数値カラムとして扱うために前処理をしなくてはいけません。今回は「?」が混じっているのが原因のようです。

pandasでは、drop()を使うことで指定した行や列を削除することができます。「?」が混じったデータを削除しましょう。

| コード | 一部データの削除

```
cols=['normalized-losses', 'bore', 'stroke', 'horsepower', 
'peak-rpm', 'price']
drop_index = df_autos.index[
                        (df_autos['normalized-losses']=='?') |
                        (df_autos['bore']=='?') |
                        (df_autos['stroke']=='?') |
                        (df_autos['horsepower']=='?') |
                        (df_autos['peak-rpm']=='?') |
                        (df_autos['price']=='?')]
df_autos_f=df_autos.drop(drop_index)
```

データ型の変更

続いて、それぞれのカラムのデータ型を変更します。

pandasでは、astype()を使うことでカラムもしくは全体のデータ型を指定することができます。指定できる主なデータ型は、以下の7種類です。今回は「?」を除いた数値カラムについて本来の数値型に戻します。

指定できるデータ型

データ型	説明
object	文字列もしくは文字列＋数値
int	整数
float64	実数
bool	bool値
datetime64	日時
timedelta[ns]	datetimeの差
category	カテゴリデータ

コード データ型の変更

```
df_autos_f[['normalized-losses', 'horsepower', 'peak-rpm', ⏎
'price']]=df_autos_f[['normalized-losses', 'horsepower', ⏎
'peak-rpm', 'price']].astype(int)
df_autos_f[['bore', 'stroke']]=df_autos_f[['bore', 'stroke']].⏎
astype(float)
df_autos_f.info()
```

出力

```
<class 'pandas.core.frame.DataFrame'>
Int64Index: 160 entries, 3 to 204
Data columns (total 26 columns):
 #   Column               Non-Null Count   Dtype
---  ------               --------------   -----
 0   symboling            160 non-null     int64
 1   normalized-losses    160 non-null     int64
 2   make                 160 non-null     object
 3   fuel-type            160 non-null     object
 4   aspiration           160 non-null     object
 5   num-of-doors         160 non-null     object
 6   body-style           160 non-null     object
 7   drive-wheels         160 non-null     object
 8   engine-location      160 non-null     object
 9   wheel-base           160 non-null     float64
 10  length               160 non-null     float64
 11  width                160 non-null     float64
 12  height               160 non-null     float64
 13  curb-weight          160 non-null     int64
 14  engine-type          160 non-null     object
 15  num of               160 non-null     objcct
 16  engine-size          160 non-null     int64
 17  fuel-system          160 non-null     object
 18  bore                 160 non-null     float64
 19  stroke               160 non-null     float64
 20  compression-ratio    160 non-null     float64
 21  horsepower           160 non-null     int64
```

```
 22   peak-rpm              160 non-null    int64
 23   city-mpg              160 non-null    int64
 24   highway-mpg           160 non-null    int64
 25   price                 160 non-null    int64
dtypes: float64(7), int64(9), object(10)
memory usage: 33.8+ KB
```

本来数値型であるべき項目（bore、strokeなど）を、正しいデータ型に変更することができました。

∽ 完 成 ∽

最後に、数値カラムをカテゴリ変数に変更しましょう。データの概要をつかみたい場合は、連続値より数段階のカテゴリにした方がわかりやすい場合があります。まず、各数値カラムの中身を確認します。

コード 数値カラムの中身確認

```
df_autos.select_dtypes(include=[int, float]).describe()
```

出力

	symboling	wheel-base	length	width	height	curb-weight	engine-size	compression-ratio	city-mpg	highway-mpg
count	205.000000	205.000000	205.000000	205.000000	205.000000	205.000000	205.000000	205.000000	205.000000	205.000000
mean	0.834146	98.756585	174.049268	65.907805	53.724878	2555.565854	126.907317	10.142537	25.219512	30.751220
std	1.245307	6.021776	12.337289	2.145204	2.443522	520.680204	41.642693	3.972040	6.542142	6.886443
min	-2.000000	86.600000	141.100000	60.300000	47.800000	1488.000000	61.000000	7.000000	13.000000	16.000000
25%	0.000000	94.500000	166.300000	64.100000	52.000000	2145.000000	97.000000	8.600000	19.000000	25.000000
50%	1.000000	97.000000	173.200000	65.500000	54.100000	2414.000000	120.000000	9.000000	24.000000	30.000000
75%	2.000000	102.400000	183.100000	66.900000	55.500000	2935.000000	141.000000	9.400000	30.000000	34.000000
max	3.000000	120.900000	208.100000	72.300000	59.800000	4066.000000	326.000000	23.000000	49.000000	54.000000

扱いやすいよう、それぞれ4段階評価のカテゴリに変換します。

コード カテゴリへ変換（4段階評価）

```
df_autos_numcol=df_autos_filtered.select_dtypes(⏎
  include=[int, float]).describe()

for c in df_autos_numcol.columns:
    df_autos_filtered[c]=df_autos_filtered[c].map(lambda x:
      0 if x>=df_autos_numcol[c]['min']
        and x<df_autos_numcol[c]['25%']
      else 1 if x>=df_autos_numcol[c]['25%']
        and x<df_autos_numcol[c]['50%']
      else 2 if x>=df_autos_numcol[c]['50%']
        and x<df_autos_numcol[c]['75%']
      else 3 if x>=df_autos_numcol[c]['75%']
        and x<=df_autos_numcol[c]['max']
      else None)
```

全カラムをカテゴリ変数にします。

コード 数値カラムをカテゴリ変数に変更

```
df_autos_filtered=df_autos_filtered.astype(object)
df_autos_filtered.info()
df_autos_filtered.describe()
```

出力

```
<class 'pandas.core.frame.DataFrame'>
Int64Index: 160 entries, 3 to 204
Data columns (total 26 columns):
 #   Column             Non-Null Count   Dtype
---  ------             --------------   -----
 0   symboling          160 non-null     object
 1   normalized-losses  160 non-null     object
 2   make               160 non-null     object
 3   fuel-type          160 non-null     object
 4   aspiration         160 non-null     object
 5   num-of-doors       160 non-null     object
```

Part 5

調査データ×コレスポンデンス分析モデル

```
 6   body-style             160 non-null      object
 7   drive-wheels           160 non-null      object
 8   engine-location        160 non-null      object
 9   wheel-base             160 non-null      object
10   length                 160 non-null      object
11   width                  160 non-null      object
12   height                 160 non-null      object
13   curb-weight            160 non-null      object
14   engine-type            160 non-null      object
15   num-of                 160 non-null      object
16   engine-size            160 non-null      object
17   fuel-system            160 non-null      object
18   bore                   160 non-null      object
19   stroke                 160 non-null      object
20   compression-ratio      160 non-null      object
21   horsepower             160 non-null      object
22   peak-rpm               160 non-null      object
23   city-mpg               160 non-null      object
24   highway-mpg            160 non-null      object
25   price                  160 non-null      object
dtypes: object(26)
memory usage: 33.8+ KB
```

	symboling	normalized-losses	make	fuel-type	aspiration	num-of-doors	body-style	drive-wheels	engine-location	wheel-base	length	width	height
count	160	160	160	160	160	160	160	160	160	160	160	160	160
unique	4	4	18	2	2	3	5	3	1	4	4	4	4
top	1	3	toyota	gas	std	four	sedan	fwd	front	1	3	3	3
freq	48	43	31	145	132	95	80	106	160	47	44	52	47

	curb-weight	symboling	engine-type	num-of	engine-size	fuel-system	bore	stroke	compression-ratio	horsepower	peak-rpm	city-mpg	highway-mpg	price
count	160	160	160	160	160	160	160	160	160	160	160	160	160	160
unique	4	5	5	4	6	4	4	4	4	4	4	4	4	4
top	3	ohc	four	1	mpfi	1	2	2	3	1	3	3	3
freq	40	124	137	47	65	43	43	60	44	54	44	44	40

これでデータの整理は完了です。

Recipe 5.3
レシピ

グランドトータル集計とクロス集計

用途例 グランドトータル集計とクロス集計をそれぞれ実行する

☑ 集計の手順を覚えよう

☑ それぞれの集計方法を比較してみよう

アドバイスのおかげで調査データは用意できたよ。次は集計だね

はい、集計をしてデータの中身を見ていきたいと思います。集計にもいくつか種類がありますが、今回は「グランドトータル集計」と「クロス集計」を行いましょう

それぞれどう違うんだい？

グランドトータル集計は、単純集計とも呼ばれます。項目ごとに数を集計して割合にしたり加工したものですね

なるほど、ある1つの項目についてその中身を見たいときはグランドトータル集計をすればいいわけだね

はい、その通りです。一方、クロス集計は2つ以上の項目について、組み合わせでどの程度要素があるか集計したものです

項目同士の関係性や分布の違いを見たいときクロス集計をすればいいわけか

グランドトータル集計

　最初にグランドトータル集計を行います。グランドトータル集計は、単純集計とも呼ばれ、普段の生活の中でよく見かける「項目ごとに数を集計し、割合にしたり加工した集計」を指します。pandasでは、value_counts()を使うことで、列方向の集計を行うことができます。また、複数の列にまたがった集計を行いたいときは、group_by()を使います。

コード　グランドトータル集計の実行

```
cols=list(df_autos_f.columns)
for c in cols:
    print(f'{df_autos_f.value_counts(c).sort_index()}\n')
```

出力

symboling	
0	23
1	48
2	46
3	42

normalized-losses	
0	39
1	39
2	39
3	42

make	
audi	4
bmw	4
chevrolet	3
dodge	8
honda	13
jaguar	1
mazda	11
mercedes-benz	5
mitsubishi	10

make	
nissan	18
peugeot	7
plymouth	6
porsche	1
saab	6
subaru	12
toyota	31
volkswagen	8
volvo	11

fuel-type	
diesel	15
gas	144

aspiration	
std	132
turbo	27

num-of-doors	
four	95
two	64

body-style	
convertible	2
hardtop	5
hatchback	56
sedan	79
wagon	17

drive-wheels	
4wd	8
fwd	105
rwd	46

engine-location	
front	159

wheel-base	
0	31
1	47
2	41
3	40

length	
0	40
1	39
2	36
3	44

width	
0	38
1	36
2	33
3	52

height	
0	40
1	34
2	38
3	47

curb-weight	
0	40
1	39
2	40
3	40

engine-type	
dohc	8
l	8
ohc	123
ohcf	12
ohcv	8

num-of	
eight	1
five	7
four	136
six	14
three	1

engine-size	
0	32
1	46
2	41
3	40

fuel-system	
1bbl	11
2bbl	63
idi	15
mfi	1
mpfi	64
spdi	5

bore	
0	35
1	43
2	41
3	40

stroke	
0	40
1	35
2	42
3	42

compression-ratio	
0	35
1	10
2	60
3	54

horsepower	
0	32
1	44
2	39
3	44

peak-rpm	
0	22
1	54
2	38
3	45

city-mpg	
0	38
1	33
2	44
3	44

highway-mpg	
0	35
1	39
2	41
3	44

price	
0	40
1	39
2	40
3	40

　それぞれのカラムについて集計を行うことができました。さらにわかりやすいように棒グラフにしてみます。

コード 棒グラフの出力

```python
import matplotlib.pyplot as plt
import seaborn as sns

import matplotlib.pyplot as plt
import seaborn as sns

i=4
j=len(cols)//4+1
fig, axes = plt.subplots(nrows=i, ncols=j, figsize=(32, 16))

for n, c in enumerate(cols):
    ax=axes[n//j, n%j]
    if n <= len(cols)-1:
        sns.histplot(data=df_autos_f[c], ax=ax)
    else:
        ax.axis('off')

plt.tight_layout()
plt.show()
```

出力

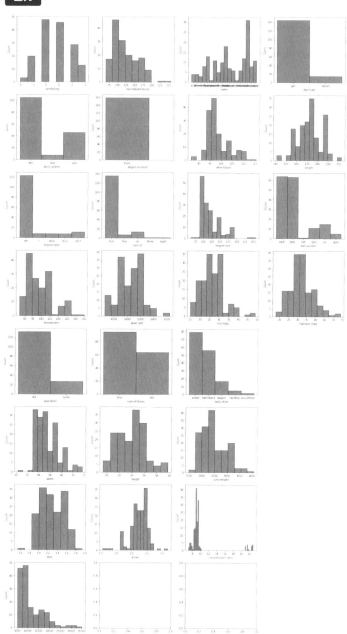

クロス集計

　グランドトータル集計では、それぞれのカラムについて集計できましたが、これらはあくまで単一のカラム内での集計です。例えば、あるカラムでカテゴリAが多かったからといって、別のカラムのカテゴリBとは何の関係も読み取ることができません。

　そこで、それぞれのカラムについて、調査結果のそれぞれのカラムについて、対応を見たい項目同士のクロス集計を行います。2つ以上のカラム間の関係を見るには、クロス集計で2次元の集計結果を見ると、わかりやすく可視化できます。

コード | クロス集計の実行

```
cols=list(df_autos_filtered.columns)
cross_list={}
for n, c in enumerate(cols):
    if c != 'make':
        df_cross=pd.crosstab(df_autos_filtered[c],
        columns=df_autos_filtered['make'])
        cross_list[c]=df_cross
        display(df_cross)
```

出力

make / symboling	audi	bmw	chevrolet	dodge	honda	jag	porsche	saab	subaru	toyota	volkswagen	volvo
0	0	0	0	1	0		0	0	0	6	0	11
1	0	3	1	0	7		0	0	9	10	0	0
2	2	0	1	6	4		0	0	0	7	0	0
3	2	1	1	1	2		1	6	3	8	8	0

make / normalized-losses	audi	bmw	chevrolet	dodge	ho	porsche	saab	subaru	toyota	volkswagen	volvo
0	0	0	1	0		0	0	7	19	0	3
1	0	0	1	1		0	3	5	0	5	8
2	0	0	1	4		0	0	0	6	2	0
3	4	4	0	3		1	3	0	6	1	0

make / fuel-type	audi	bmw	chevrolet	dodge	honda	jagua	porsche	saab	subaru	toyota	volkswagen	volvo
diesel	0	0	0	0	0	0	0	0	0	3	3	1
gas	4	4	3	8	13	1	1	6	12	28	5	10

make	audi	bmw	chevrolet	dodge	honda	jaguar	porsche	saab	subaru	toyota	volkswagen	volvo
aspiration												
std	3	4	3	6	13		1	4	10	30	7	6
turbo	1	0	0	2	0		0	2	2	1	1	5

make	audi	bmw	chevrolet	dodge	honda	jaguar	porsche	saab	subaru	toyota	volkswagen	volvo
num-of-doors												
four	4	2	1	4	5		0	3	9	17	5	11
two	0	2	2	4	8		1	3	3	14	3	0

make	audi	bmw	chevrolet	dodge	honda	jaguar	porsche	saab	subaru	toyota	volkswagen	volvo
body-style												
convertible	0	0	0	0	0		0	0	0	1	0	0
hardtop	0	0	0	0	0		0	0	0	3	0	0
hatchback	0	0	2	5	7		1	3	3	14	1	0
sedan	4	4	1	2	5		0	3	5	10	7	8
wagon	0	0	0	1	1		0	0	4	3	0	3

make	audi	bmw	chevrolet	dodge	honda	jaguar	porsche	saab	subaru	toyota	volkswagen	volvo
drive-wheels												
4wd	1	0	0	0	0		0	0	5	2	0	0
fwd	3	0	3	8	13		0	6	7	16	8	0
rwd	0	4	0	0	0		1	0	0	13	0	11

make	audi	bmw	chevrolet	dodge	honda	jaguar	porsche	saab	subaru	toyota	volkswagen	volvo
engine-location												
front	4	4	3	8	13		1	6	12	31	8	11

make	audi	bmw	chevrolet	dodge	honda	jaguar	porsche	saab	subaru	toyota	volkswagen	volvo
wheel-base												
0	0	0	1	6	5		0	0	3	0	0	0
1	0	0	2	1	8		1	0	0	17	1	0
2	2	0	0	0	0		0	6	9	6	7	0
3	2	4	0	1	0		0	0	0	8	0	11

make	audi	bmw	chevrolet	dodge	honda	jaguar	porsche	saab	subaru	toyota	volkswagen	volvo
length												
0	0	0	3	6	7	0	0	0	3	3	0	0
1	0	0	0	0	3	0	1	0	5	14	8	0
2	2	4	0	2	3	0	0	0	4	11	0	0
3	2	0	0	0	0	1	0	6	0	3	0	11

make	audi	bmw	chevrolet	dodge	honda	jaguar		porsche	saab	subaru	toyota	volkswagen	volvo
width													
0	0	0	3	6	4	0		0	0	3	6	0	0
1	0	4	0	1	8	0		0	0	0	11	1	0
2	2	0	0	1	1	0		0	0	9	6	7	0
3	2	0	0	0	0	1		1	6	0	8	0	11

make	audi	bmw	chevrolet	dodge	honda	jaguar		porsche	saab	subaru	toyota	volkswagen	volvo
height													
0	0	0	2	7	3	0		1	0	0	7	1	0
1	0	0	1	0	5	1		0	0	7	14	0	0
2	2	4	0	0	4	0		0	0	4	7	0	0
3	2	0	0	1	1	0		0	6	1	3	7	11

make	audi	bmw	chevrolet	dodge	honda	jagu	porsche	saab	subaru	toyota	volkswagen	volvo
curb-weight												
0	0	0	3	5	7		0	0	1	3	0	0
1	1	0	0	1	4	0	0	0	5	14	8	0
2	0	4	0	1	2		1	5	6	9	0	0
3	3	0	0	1	0		0	1	0	5	0	11

make	audi	bmw	chevrolet	dodge	honda	jagu	porsche	saab	subaru	toyota	volkswagen	volvo
engine-type												
dohc	0	0	0	0	0		0	2	0	5	0	0
l	0	0	1	0	0	0	0	0	0	0	0	0
ohc	4	4	2	8	13		1	4	0	26	8	10
ohcf	0	0	0	0	0		0	0	12	0	0	0
ohcv	0	0	0	0	0	0	0	0	0	0	0	1

make	audi	bmw	chevrolet	dodge	honda	jaguar		porsche	saab	subaru	toyota	volkswagen	volvo
num-of													
eight	0	0	0	0	0	0		0	0	0	0	0	0
five	3	0	0	0	0	0		0	0	0	0	0	0
four	1	2	2	8	13	0		1	6	12	28	8	9
six	0	2	0	0	0	1		0	0	0	3	0	2
three	0	0	1	0	0	0		0	0	0	0	0	0

make	audi	bmw	chevrolet	dodge	honda	jag	porsche	saab	subaru	toyota	volkswagen	volvo
engine-size												
0	0	0	3	5	7		0	0	0	6	0	0
1	1	2	0	1	0	0	0	0	12	9	8	0
2	1	0	0	1	6		0	6	0	7	0	2
3	2	2	0	1	0		1	0	0	9	0	9

make / fuel-system	audi	bmw	chevrolet	dodge	honda	jaguar	porsche	saab	subaru	toyota	volkswagen	volvo
1bbl	0	0	0	0	11		0	0	0	0	0	0
2bbl	0	0	3	6	1	0	0	0	8	13	0	0
idi	0	0	0	0	0		0	0	0	3	3	1
mfi	0	0	0	1	0		0	0	0	0	0	0
mpfi	4	4	0	1	1	1	1	6	4	15	5	10
spdi	0	0	0	0	0		0	0	0	0	0	0

make / bore	audi	bmw	chevrolet	dodge	honda	jaguar	porsche	saab	subaru	toyota	volkswagen	volvo
0	0	0	3	6	7	0	0	1	0	0	3	1
1	4	0	0	0	6	0	0	0	0	15	5	0
2	0	4	0	1	0	0	0	5	0	10	0	0
3	0	0	0	1	0	1	1	0	12	6	0	10

make / stroke	audi	bmw	chevrolet	dodge	honda	jaguar	porsche	saab	subaru	toyota	volkswagen	volvo
0	0	2	0	1	1	0	0	6	12	15	0	1
1	0	2	2	5	0	0	1	0	0	0	0	9
2	4	0	0	1	0	0	0	0	0	6	8	1
3	0	0	0	2	12	1	0	0	0	10	0	0

make / compression-ratio	audi	bmw	chevrolet	dodge	honda	porsche	saab	subaru	toyota	volkswagen	volvo
0	3	0	0	3	0	0	0	2	0	1	2
1	0	2	0	0	0	0	0	2	4	0	2
2	0	2	0	0	11	0	6	6	22	3	0
3	1	0	3	5	2	1	0	2	5	4	7

make / horsepower	audi	bmw	chevrolet	dodge	honda	jaguar	porsche	saab	subaru	toyota	volkswagen	volvo
0	0	0	1	5	2		0	0	0	8	3	0
1	0	0	2	0	9	0	0	0	8	8	3	0
2	2	2	0	2	2		0	4	4	6	2	1
3	2	2	0	1	0		1	2	0	9	0	10

make / peak-rpm	audi	bmw	chevrolet	dodge	honda	jaguar	porsche	saab	subaru	toyota	volkswagen	volvo
0	0	2	0	0	0		0	0	3	7	1	0
1	0	0	1	2	1	0	0	0	7	19	2	3
2	0	0	2	0	0		0	4	2	3	3	7
3	4	2	0	6	12		1	2	0	2	2	1

make	audi	bmw	chevrolet	dodge	honda	jag	porsche	saab	subaru	toyota	volkswagen	volvo
city-mpg												
0	3	2	0	1	0		1	6	0	3	0	5
1	1	2	0	2	2	0	0	0	5	6	1	5
2	0	0	0	0	8		0	0	5	15	4	1
3	0	0	3	5	3		0	0	2	7	3	0

make	audi	bmw	chevrolet	dodge	honda	ja	porsche	saab	subaru	toyota	volkswagen	volvo
highway-mpg												
0	3	0	0	1	0		1	2	2	3	0	6
1	1	4	0	2	2		0	4	5	8	1	5
2	0	0	0	0	8		0	0	4	12	4	0
3	0	0	3	5	3		0	0	1	8	3	0

make	audi	bmw	chevrolet	dodge	honda	jaguar	m	porsche	saab	subaru	toyota	volkswagen	volvo
price													
0	0	0	3	4	7	0		0	0	3	6	0	
1	0	0	0	3	3	0		0	0	4	10	5	0
2	1	0	0	1	3	0		0	2	5	11	3	2
3	3	4	0	0	0	1		1	4	0	4	0	9

26項目について、メーカーとのクロス集計ができました。例えば最後のメーカーと価格（price）のクロス集計を見ると、日本車は割と安い方（値が小さい方）に集まっている様子が何となくですが確認できます。

Recipe 5.4

コレスポンデンス分析

用途例 製品・イメージマップをコレスポンデンス分析する

☑ 次元削減の概念を理解しよう

☑ コレスポンデンス分析を試してみよう

 なるほど、うちの会社が取り組んでいる市場はこんなイメージだったんだな

集計してみることで、いろいろな項目の関係性や顧客の分布がわかりますね

 うん、細かい部分は数字だけ眺めているだけじゃわからないね。でもこれだけ項目があるとちょっとな……いくつか似た項目はまとめるなどして可視化してみたいな

それならコレスポンデンス分析という方法があります

 コレスポンデンスというくらいなのだから対応関係を調べるのだろうが、どんな手法なんだい？

日本語では対応分析と呼ばれていたりしますね。早速試してみましょう

コンスポンデンス分析

イメージマップの可視化を行います。多変量の集計表を可視化する方法はいろいろありますが、1点注意することがあります。人は最大で3次元までしか直感的に認識することができないので、項目が多いときはあらかじめ「次元削減」を行って3次元以下の空間で可視化します。次元削減の方法としては、「主成分分析」や「特異値分解」といった手法がよく用いられます。今回は「コレスポンデンス分析」を使います。

コレスポンデンス分析は、クロス集計の結果を2次元上に散布図の形で可視化し、アンケート結果やイメージ調査を説明しやすくする手法です。日本語では「対応分析」や「数量化3類」と呼ばれます。その名の通り、クロス集計表の表側のカテゴリと表頭のカテゴリが一番対応するような形で、低次元の空間に投影して可視化します。

コレスポンデンス分析の目標は、クロス集計表の表側のカテゴリと表頭のカテゴリを一番相関が高くなるように行と列をそれぞれ並び替えて、カテゴリ同士の距離に応じてプロットすることです。具体例を挙げて考えてみましょう。

クロス集計表F

		カテゴリ1				合計
		y_1	y_2	$\cdots$	y_c	
カテゴリ2	x_1	a_{11}	a_{12}	$\cdots$	a_{1c}	$a_1.$
	x_2	a_{21}	a_{22}	$\cdots$	a_{2c}	$a_2.$
	$\cdots$	$\cdots$	$\cdots$	$\cdots$	$\cdots$	$\cdots$
	x_r	a_{r1}	a_{r2}	$\cdots$	a_{rc}	$a_r.$
合計		$a._1$	$a._2$	$\cdots$	$a._c$	n

上記のようなクロス集計表Fがあったとき、以下のような行と列の各要素の同時確率行列を作ります。

$$P = \begin{bmatrix} p_{11}, & p_{12}, & \cdots, & p_{1c} \\ p_{21}, & p_{22}, & \cdots, & p_{2c} \\ \cdots, & \cdots, & \cdots, & \cdots \\ p_{r1}, & p_{r2}, & \cdots, & p_{rc} \end{bmatrix} \quad \left(p_{ij} = \frac{a_{ij}}{n} \right)$$

次に、同時確率行列から行列それぞれについて、条件付き確率行列を作ります。

$$
\mathrm{Pr} = \begin{bmatrix}
\dfrac{p_{11}}{p_{1\cdot}}, & \dfrac{p_{12}}{p_{1\cdot}}, & \cdots, & \dfrac{p_{1c}}{p_{1\cdot}} \\
\dfrac{p_{21}}{p_{2\cdot}}, & \dfrac{p_{22}}{p_{2\cdot}}, & \cdots, & \dfrac{p_{2c}}{p_{2\cdot}} \\
\cdots, & \cdots, & \cdots, & \cdots \\
\dfrac{p_{r1}}{p_{r\cdot}}, & \dfrac{p_{r2}}{p_{r\cdot}}, & \cdots, & \dfrac{p_{rc}}{p_{r\cdot}}
\end{bmatrix}
\qquad (p_{i\cdot} = \sum_{j=1}^{c} \dfrac{p_{ij}}{n})
$$

$$
\mathrm{Pc} = \begin{bmatrix}
\dfrac{p_{11}}{p_{\cdot1}}, & \dfrac{p_{12}}{p_{\cdot2}}, & \cdots, & \dfrac{p_{1c}}{p_{\cdot c}} \\
\dfrac{p_{21}}{p_{\cdot1}}, & \dfrac{p_{22}}{p_{\cdot2}}, & \cdots, & \dfrac{p_{2c}}{p_{\cdot c}} \\
\cdots, & \cdots, & \cdots, & \cdots \\
\dfrac{p_{r1}}{p_{\cdot1}}, & \dfrac{p_{r2}}{p_{\cdot2}}, & \cdots, & \dfrac{p_{rc}}{p_{\cdot c}}
\end{bmatrix}
\qquad (p_{\cdot j} = \sum_{i=1}^{r} \dfrac{p_{ij}}{n})
$$

行の各要素を行方向の合計で正規化したものの差を、それぞれ列方向の和でさらに正規化して足し合わせることで、行同士の分布間の距離を求めた χ^2 距離と考えることができます。i_1 行目と i_2 行目の χ^2 距離は以下のように定義すると、各行間の χ 距離が計算できます。

$$
\chi^2 \, distance = \sqrt{\sum_{j=1}^{c} \dfrac{\left(\dfrac{p_{i_1 j}}{p_{i_1 \cdot}} - \dfrac{p_{i_2 j}}{p_{i_2 \cdot}} \right)^2}{p_{\cdot j}}}
$$

同様にして列についても各列間の χ 距離が計算できますので、後は各カテゴリ間の χ^2 距離を可視化することを考えます。一般的に任意のn点間のそれぞれの距離がわかったとき、最大でもn-1次元の空間があればすべての条件を満たして各点をプロットできます。しかし、4次元以上のプロットは、私たちには直感的に捉えることができません。

よって最後に、可視化するためにこれを主成分分析や特異値分解をして、3次元以下の直行成分で表せば、低次元で各項目の関係性を表現することができます。

コレスポンデンス分析の実行

Recipe 5.3で作ったクロス集計結果を使って、コレスポンデンス分析を試してみましょう。最初にmcaライブラリをインポートします。

コード　ライブラリのインポート

```
import mca
```

　コレスポンデンス分析は、データに十分に広がりがないと行うことができません。実際にコレスポンデンス分析をしてみて、1次元以上の次元があるものを今回の分析対象としましょう。

　mcaの出力からコレスポンデンス分析の結果を取り出して、次元が2以上のものだけを結果に加えます。

コード　分析結果の抽出

```
keys=list(cross_list.keys())

row=[]
col=[]
key=[]
for n, ck in enumerate(keys):

    df=cross_list[ck]

    ncol = df.shape[1]
    mca_counts = mca.MCA(df, ncols=ncol)

    r = mca_counts.fs_r(N=2)
    c = mca_counts.fs_c(N=2)
    if r.shape[1]!=1:
        key.append(ck)
        row.append(r)
        col.append(c)
```

コード 分析結果の可視化

```python
i=7
j=len(key)//i
fig, axes = plt.subplots(nrows=i, ncols=j, figsize=(20, 80))

for n, ck in enumerate(key):

    ax=axes[n//j, n%j]
    df=cross_list[ck]

    ncol = df.shape[1]
    mca_counts = mca.MCA(df, ncols=ncol)

    rows = mca_counts.fs_r(N=2)
    cols = mca_counts.fs_c(N=2)

    ax.set_title(ck)
    if n <= len(key)-1 and rows.shape[1]!=1:
        sns.scatterplot(x=rows[:,0], y=rows[:,1], ax=ax)
        labels = df.index
        for label,x,y in zip(labels,rows[:,0],rows[:,1]):
            ax.text(x, y, label, fontsize=10)


        sns.scatterplot(x=cols[:,0], y=cols[:,1], ax=ax)
        labels = df.columns
        for label,x,y in zip(labels,cols[:,0],cols[:,1]):
            ax.text(x, y, label, fontsize=10)
    else:
        ax.axis('off')

plt.tight_layout()
plt.show()
```

∽完成∽

ここでは、いくつかの項目について、出力結果を示します。

最初に、燃費とメーカーの対応についてみてみましょう。city-mpgが市街での燃費、highway-mpgが高速道路での燃費です。

出力

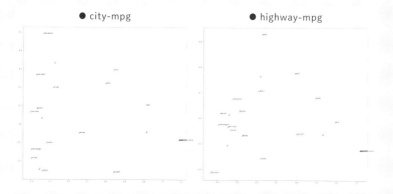

● city-mpg　　　　　　　　　● highway-mpg

全体的に、日本車が燃費がよい（値が3）位置に集まっていることが確認できるはずです。

次に、価格とメーカーの対応を確認します。

● price

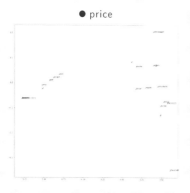

　日本車が安い（値が0）位置に集まっていることが確認できるはずです。
サンプルデータは1985年のものですので、安い日本車が台頭してきた頃
の様子が伺えます。このようにコレスポンデンス分析で、さまざまな確度か
らの対応が確認できることがわかります。

Part 6

Eコマースデータ

協調フィルタリング分析モデル

Part 6 introduction

商品レコメンドエンジンを構築したい

レコメンドエンジンを構築する手法には、大きく分けて「内容ベース」と「協調フィルタリング」という2つがあります。ここでは、協調フィルタリングを用いた構築手法を解説します。

通信販売を手掛けるC社がレコメンドエンジンを導入したいということで、うちに相談があった。来年の他の社内システムの更改に合わせて、レコメンドエンジンも入れたいそうだ

導入を希望されているレコメンドエンジンとは、どのようなものでしょうか

C社のエンドユーザーに対して、商品を推薦する機能だね。うちの会社は、レコメンドエンジンの導入を担当することが決まったんだ。今回は僕らのチームでプロジェクトを担当することとなったから、一緒にがんばろう

了解しました。これまでやったことがないのですが、がんります。早速ですが、どういった流れで進めていけばいいでしょうか

C社にはこれまでの販売実績データがあるので、それを確認するところから始めようか

　「レコメンドエンジン」は、現在のECサイトなどの商品推薦機能としてよく使用されています。利用者の過去の閲覧履歴や購買履歴などを利用して、顧客に商品を推薦する機能です。ここでは、協調フィルタリングを用いた、レコメンドエンジンの構築手法を解説します。

Recipe 6.1
レシピ

データの準備

用途例 販売実績データを準備する

☑ データの基礎統計量を確認しよう

 先日話したレコメンドエンジン導入の件だけど、C社のデータにアクセスできるようになったから、これからデータを確認していこう

了解しました！

 C社の販売実績データは、「購入情報」というユーザーの注文した履歴と、「注文詳細」というどのような商品が注文されたかの明細データの2つのテーブルに分かれているようだ。データを結合して、レコメンドエンジン構築の分析データを作成しようか

わかりました。分析データを作成したら、基礎集計などは必要でしょうか

 基礎集計もぜひお願いしたい。作成した分析データの確認と、どのような商品がデータに存在しているかも集計してほしい

データの準備

　ここでは、kaggleの「E-Commerce Data」のデータを例として分析をします。下記アドレスにアクセスして、データをダウンロードします（kaggleについてはP.44を参照）。

◆ kaggle.com

URL https://www.kaggle.com/benroshan/ecommerce-data

Part 6

Eコマースデータ×協調フィルタリング分析モデル

　ダウンロードしたデータは、インドのEコマースデータです。ZIPファイルを解凍すると、以下の3つのファイルが確認できます。

Eコマースデータのファイル

#	ファイル名	概要
1	List of Orders.csv	購入情報データ ID、購入日、顧客情報の詳細が含まれる
2	Order Details.csv	注文詳細データ 注文ID、注文価格、数量、利益、製品のカテゴリ等が含まれる
3	Sales target.csv	販売目標データ 製品カテゴリの販売目標の金額と日付が含まれる

　各ファイル内の項目名と項目ラベルは、以下の通りです。

購入情報データ（List of Orders）の項目

#	項目名	項目ラベル
1	Order ID	注文番号
2	Order Date	注文日
3	Customer Name	顧客名
4	State	州
5	City	市

注文詳細データ（Order Details）の項目

#	項目名	項目ラベル
1	Order ID	注文番号
2	Amount	注文価格
3	Profit	利益
4	Quantity	数量
5	Category	製品カテゴリ
6	Sub-Category	製品サブカテゴリ

販売目標データ（Sales Target）の項目

#	項目名	項目ラベル
1	Month of Order Date	注文月
2	Category	製品カテゴリ
3	Target	ターゲット

ファイルの読み込みと項目の確認

　これまでと同様に、Google Drive上のMy Drive内に必要なデータを配置したものとして、読み込みを実行します。上表の3つのデータを読み込み、データの先頭行から5行目までを表示してみましょう。まずは、1ファイル目のList of Orders. csvです。

コード　データの読み込みと表示（List of Orders.csv）

```
import pandas as pd
List_of_Orders = pd.read_csv('drive/My Drive/List of Orders.↵
csv')
List_of_Orders.head()
```

　2行目でデータを読み込み、3行目でデータの先頭行から5行目までを出力しています。出力結果は、以下となります。

出力

```
     Order ID  Order Date  CustomerName         State        City
  0  B-25601   01-04-2018        Bharat       Gujarat   Ahmedabad
  1  B-25602   01-04-2018         Pearl   Maharashtra        Pune
  2  B-25603   03-04-2018         Jahan        Madhya      Bhopal
                                            Pradesh
  3  B-25604   03-04-2018        Divsha     Rajasthan      Jaipur
  4  B-25605   05-04-2018       Kasheen   West Bengal     Kolkata
```

　他の2ファイルについても、読み込みを実行し、同様の形で表示してみましょう。

コード　データ読み込みと表示（Order Details.csv）

```
Order_Details = pd.read_csv('drive/My Drive/Order Details.csv')
```

```
Order_Details.head()
```

コード データ読み込みと表示（Sales target.csv）

```
Sales_target = pd.read_csv('drive/My Drive/Sales target.csv')
Sales_target.head()
```

出力

Order Details.csv

	Order ID	Amount	Profit	Quantity	Category	Sub-Category
0	B-25601	1275	-1148	7	Furniture	Bookcases
1	B-25601	66	-12	5	Clothing	Stole
2	B-25601	8	-2	3	Clothing	Hankerchief
3	B-25601	80	-56	4	Electronics	Electronic Games
4	B-25602	168	-111	2	Electronics	Phones

Salse target.csv

	Month of Order Date	Category	Target
0	18-Apr	Furniture	10400
1	18-May	Furniture	10500
2	18-Jun	Furniture	10600
3	18-Jul	Furniture	10800
4	18-Aug	Furniture	10900

　「List of Orders.csv」では、Order IDがユニークであるのに対し、「Order Details.csv」では、同一のOrder IDが、複数のレコードに渡って存在しているのが確認できます。これは1回の購入で、複数のカテゴリで商品が注文されるためです。

基礎統計量の確認

　データ項目内の基礎統計量を確認します。表形式のデータの場合、分析の初期段階でデータの件数や分布を確認しておくことは重要です。データの全体像を把握しておくと、道筋を立てやすくなると同時に処理の誤り等を減らすことができる可能性があります。

　pasdasのdescribe()で基礎統計量を表示します。

Part 6　Eコマースデータ×協調フィルタリング分析モデル

コード　基礎統計量の表示（List of Orders.csv）

```
List_of_Orders.describe().T
```

コード　基礎統計量の表示（Order Details.csv）

```
Order_Details.describe().T
```

出力

List of Orders.csv

	count	unique	top	freq
Order ID	500	500	B-25786	1
Order Date	500	307	24-11-2018	7
CustomerName	500	332	Shreya	6
State	500	19	Madhya Pradesh	101
City	500	24	Indore	76

Order Details.csv

	count	mean	std	min	25%	50%	75%	max
Amount	1500	287.668	461.050488	4	45	118	322	5729
Profit	1500	15.97	169.140565	-1981	-9.25	9	38	1698
Quantity	1500	3.743333	2.184942	1	2	3	5	14

データの結合

　今回のデータは、レコメンドエンジンを作成するのに必要な情報が「List of Orders.csv」と「Order Details.csv」の2つのテーブルに分かれているため、このままでは分析ができません。2つのファイルを結合し、マスターデータを作成します。

コード　ファイルの結合

```
mst_data = pd.merge(List_of_Orders, Order_Details,
                    on='Order ID', how='outer', indicator=True)
mst_data.head()
```

出力

列が追加される

Order ID	Order Date	CustomerName	State	City	Amount	Profit	Quantity	Category	Sub-Category	_merge
B-25601	01-04-2018	Bharat	Gujarat	Ahmedabad	1275	-1148	7	Furniture	Bookcases	both
B-25601	01-04-2018	Bharat	Gujarat	Ahmedabad	66	-12	5	Clothing	Stole	both
B-25601	01-04-2018	Bharat	Gujarat	Ahmedabad	8	-2	3	Clothing	Hankerchief	both
B-25601	01-04-2018	Bharat	Gujarat	Ahmedabad	80	-56	4	Electronics	Electronic Games	both
B-25602	01-04-2018	Pearl	Maharashtra	Pune	168	-111	2	Electronics	Phones	both

結合キーは「Order ID」です。最後にmerge()内の引数を「indicater=True」としています。こうすることで、表の右側に_mergeという列が追加されます。この列には、データを結合したとき両方のテーブルにデータが存在する場合は「both」、片方のテーブルにしかデータが存在しない場合は「left_only」「rigtht_only」のいずれかが出力されます。

なお、データの結合では、あるキーに対して片方にしかデータが存在しないということがよくあります。その場合、データが存在しないテーブルに存在する項目については、欠損がセットされます。データの結合の際は、この点も念頭に置いておきましょう。今回の例で確認してみます。

コード データの欠損確認

```
mst_data['_merge'].value_counts()
```

出力

```
both          1500
left_only       60
right_only       0
```

上記から以下の結果が確認できます。

✓ both ➡ 両方のテーブルに存在するデータが1,500レコード
✓ left_only ➡ 「List of Orders.csv」にしか存在しないデータが60レコード
✓ rigtht_only ➡ 「Order Details.csv」にしか存在しないデータは0レコード

欠損の処理については、後続の処理の内容に応じて、「0や-1等の固定値で埋める」「最頻値、中央値を代入する」ほか、「欠損の生じた行または列を削除する」など、値の補間や欠損データを削除するケースもあります。

今回の分析では、両方のテーブルに存在するデータを対象とすることにします。下のコードで「_merge='both'」以外のレコードを削除します。

コード　欠損のあるデータの削除

```
mst_data.drop(mst_data.loc[mst_data['_merge'] != 'both'].↵
index, inplace=True)
```

上記では、データ結合の手順を示すために、外部結合してから分析に不要なレコードを除外していますが、あらかじめmerge()内の引数「how='inner'」で内部結合すれば、同様の処理となります。

ここまでで作成した、mst_dataをマスターデータとします。

∽ 完成 ∽

数値変数の分布確認

mst_data（マスターデータ）の数値変数の分布を確認します。数値変数は以下の3項目です。

✓ Amount（価格）
✓ Profit（利益）
✓ Quanity（購入数量）

まずは、データの分布を箱ひげ図を使用して確認します。

コード　箱ひげ図の出力

```
#箱ひげ図の作成

#numpy,matplotlibの呼び出し
import numpy as np
import matplotlib.pyplot as plt

#必要項目
mst_data_a = mst_data[['Amount', 'Profit', 'Quantity']]
```

Part 6

Eコマースデータ×協調フィルタリング分析モデル

```
#プロットエリアの指定
fig = plt.figure(figsize=(14, 10))

#グラフの出力
for i in np.arange((mst_data_a.shape[1])):
    plt.subplot(2,2,i+1)
    plt.boxplot(mst_data_a.dropna().iloc[:,i])
    plt.title(mst_data_a.columns[i])
```

出力

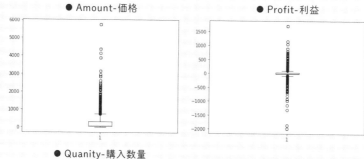

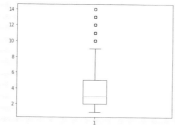

「Amount」については上方に、「Profit」については両側に外れ値が存在します。ヒストグラムを出力し、さらにデータの分布を確認します。

コード ヒストグラムの出力

```
#プロットエリアの指定
fig = plt.figure(figsize=(14, 10))

#グラフの出力
```

```
for i in np.arange((mst_data_a.shape[1])):
    plt.subplot(2,2,i+1)
    plt.hist(mst_data_a.dropna().iloc[:,i], bins=14)
    plt.title(mst_data_a.columns[i])
```

出力

● Amount-価格

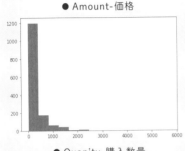

● Profit-利益

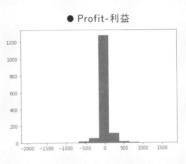

● Quanity-購入数量

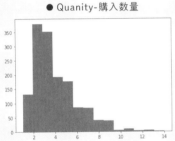

カテゴリ変数の集計

同様に、カテゴリ変数について、以下4つの変数の分布を確認します。

　✓ State（州）
　✓ City（市）
　✓ Category（製品カテゴリ）
　✓ Sub-Category（製品サブカテゴリ）

コード　変数分布の出力

```
#必要項目
mst_data_b = mst_data[['State', 'City', 'Category', ↵
```

```
'Sub-Category']]
```

#件数・構成比の出力
```
for i in np.arange((mst_data_b.shape[1])):
    print(mst_data_b.dropna().iloc[:,i].value_counts().↵
sort_index())
    print(mst_data_b.dropna().iloc[:,i].value_↵
counts(normalize=True).sort_index())
```

出力

● State-州

#	カテゴリ値	件数	構成比
1	Andhra Pradesh	42	2.8%
2	Bihar	62	4.1%
3	Delhi	74	4.9%
4	Goa	43	2.9%
5	Gujarat	87	5.8%
6	Haryana	26	1.7%
7	Himachal Prade	29	1.9%
8	Jammu and Kash	49	3.3%
9	Karnataka	54	3.6%
10	Kerala	45	3.0%
11	Madhya Pradesh	340	22.7%
12	Maharashtra	290	19.3%
13	Nagaland	45	3.0%
14	Punjab	60	4.0%
15	Rajasthan	74	4.9%
16	Sikkim	24	1.6%
17	Tamil Nadu	25	1.7%
18	Uttar Pradesh	68	4.5%
19	West Bengal	63	4.2%
	合計	1,500	100.0%

● City-市

#	カテゴリ値	件数	構成比
1	Ahmedabad	62	4.1%
2	Allahabad	30	2.0%
3	Amritsar	15	1.0%
4	Bangalore	54	3.6%
5	Bhopal	66	4.4%
6	Chandigarh	71	4.7%
7	Chennai	25	1.7%
8	Delhi	81	5.4%
9	Gangtok	24	1.6%
10	Goa	43	2.9%
11	Hyderabad	42	2.8%
12	Indore	267	17.8%
13	Jaipur	44	2.9%
14	Kashmir	49	3.3%
15	Kohima	45	3.0%
16	Kolkata	63	4.2%
17	Lucknow	38	2.5%
18	Mumbai	207	13.8%
19	Patna	62	4.1%
20	Pune	83	5.5%
21	Simla	29	1.9%
22	Surat	25	1.7%
23	Thiruvananthap	45	3.0%
24	Udaipur	30	2.0%
	合計	1,500	100.0%

● Category-製品カテゴリ

#	カテゴリ値	件数	構成比
1	Clothing	949	63.3%
2	Electronics	308	20.5%
3	Furniture	243	16.2%
合計		1,500	100.0%

● Sub-Category-製品サブカテゴリ

#	カテゴリ値	件数	構成比
1	Accessories	72	4.8%
2	Bookcases	79	5.3%
3	Chairs	74	4.9%
4	Electronic Gam	79	5.3%
5	Furnishings	73	4.9%
6	Hankerchief	198	13.2%
7	Kurti	47	3.1%
8	Leggings	53	3.5%
9	Phones	83	5.5%
10	Printers	74	4.9%
11	Saree	210	14.0%
12	Shirt	69	4.6%
13	Skirt	64	4.3%
14	Stole	192	12.8%
15	T-shirt	77	5.1%
16	Tables	17	1.1%
17	Trousers	39	2.6%
合計		1,500	100.0%

部長、分析データの作成と、基礎集計まで完了しました

ありがとう。次は、作成した分析データで商品間の相関を確認してもらえるかな。
どの商品同士がよく合わせて注文されているか、その傾向を確認したい

わかりました。やってみます

相関分析の目的

　Recipe 6.1では、データを結合し、分析マスターデータの作成と基礎集計などを
示しました。ここでは、Sub-Category（製品サブカテゴリ）間の相関分析を実行し
ます。

　マーケティングにおいて、「ある商品が売れる際に同時に売れる商品を特定する」
ということは、有効な分析の1つです。商品Aと商品Bが同時に購入されることを「共
起」と呼びます。また、共起性から同時に購入される商品を見つけるための分析を
「マーケットバスケット分析」と呼びます。

　まずはRecipe 6.1で作成したマスターデータを使用して、ユーザーがどの商品を
同時に購入しているかを行列で表示します。

Part 6

Eコマースデータ×協調フィルタリング分析モデル

コード

```
# mst_data → Recipe6.1で作成したマスターデータ

mst_data.loc[mst_data['Quantity'] > 0, 'Quantity'] = 1
mst_data_cs = mst_data.pivot_table(index = ['CustomerName'],
                                   columns=['Sub-Category'],
                                   values='Quantity').fillna(0)
mst_data_cs.head()
```

出力 ※一部を抜粋して掲載

Sub-Category	Accessories	Bookcases	Chairs	Electronic Games	Furnishings	Hankerchief	Kurti	Leggings	
CustomerName									
Aakanksha	0	0	1	0	0	0	0	0	
Aarushi	1	1	1	0	1	1	0	0	…
Aashna	1	0	0	0	0	0	1	0	
Aastha	1	0	0	0	0	1	0	0	
Aayush	0	0	0	1	0	1	0	0	

　上記の行列は、行がCustomerName、列がSub-Categoryとなっています。あるユーザーがその商品サブカテゴリを購入した場合は1が、購入しなかった場合は0がセットされます。

相関係数行列の算出

　相関係数行列を算出します。相関係数は、ピアソンの相関係数（※ピアソンの相関係数の定義は、Recipe6.3参照）を使用します。

コード 相関係数行列の算出

```
# 相関係数行列
# methodはピアソンの相関係数を指定

corr = mst_data_cs.corr(method='pearson')
corr.head()
```

出力 ※一部を抜粋して掲載

Sub-Category	Accessories	Bookcases	Chairs	Electronic Games	Furnishings	Hankerchief	Kurti	Leggings	
Sub-Category									
Accessories	1	0.130166	0.008607	0.107825	0.052193	0.203946	0.057543	0.101181	
Bookcases	0.130166	1	0.14931	0.092549	0.097006	0.08757	0.010001	0.093635	...
Chairs	0.008607	0.14931	1	0.032183	0.036131	0.080573	-0.076009	-0.023223	
Electronic Games	0.107825	0.092549	0.032183	1	0.075077	0.176109	-0.003216	0.108197	
Furnishings	0.052193	0.097006	0.036131	0.075077	1	0.150875	-0.000515	0.089934	

　上記の行列は、行列の要素が1に近ければ近いほど相関が強く、同時に購入され
やすい商品同士であることを示しています。

〜〜完成〜〜

　相関係数行列をヒートマップで示してみましょう。

コード

```
import seaborn as sns
import matplotlib.pyplot as plt

plt.figure(figsize=(15, 12))
sns.heatmap(corr, vmin=-1, vmax=1,
            cmap= sns.color_palette('coolwarm', 20),
            center=0 , annot=True, fmt='.2f')
```

出力

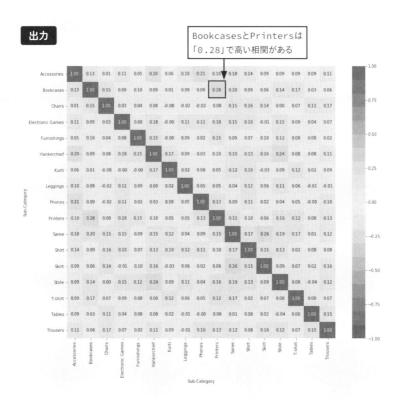

BookcasesとPrintersは
「0.28」で高い相関がある

商品間の相関分析の結果を確認してみましょう。図中で、数値がプラスで
あるほど"相関が高い"商品同士、マイナスであるほど"逆相関が高い"商
品同士ということを示しています。例えば、BookcasesとPrintersは、相
関係数が0.28と他の商品同士と比較して、高い相関があるということが
わかります。

Recipe 6.3で説明するメモリベースとアイテムベースの協調フィルタリン
グでは、その商品が買われるかどうかの予測のために、相関が高い商品の
購買の履歴情報を利用して、予測をします。相関行列はメモリベースの協
調フィルタリングの核となる部分です。

Recipe 6.3
レシピ

協調フィルタリング

用途例 レコメンドエンジンを構築する

☑ 商品の推薦度を出力しよう

 下準備はこれで終わったね。これからレコメンドエンジンのロジックを作成していこう。今回は、「協調フィルタリング」という機械学習の手法を使ってロジックを構築しようと思う

協調フィルタリングとは、どんな手法でしょうか

 ざっくりと説明すると、ユーザーのこれまでの購買の履歴を使用して、他のユーザーに対して推薦するというロジックだね。例えば、あるユーザーに商品を推薦しようとする場合、購入の履歴が似ている他のユーザーの過去の情報を使って、推薦する商品を決めるんだ

……今検索してみたのですが、協調フィルタリングというのは、複数の手法があるのでしょうか

 そうだね。協調フィルタリングは、メモリベース、モデルベースという2つの手法に分かれる。さらにメモリベースの中でもユーザーベース、アイテムベースという手法がある。モデルベースでもいろいろなモデルが考案されている。代表的な手法について、精度等を確認しながらどのロジックを使うかを検討していこう

わかりました

 ロジックが決まったら、C社に報告してシステムにレコメンドエンジンを実装しよう

協調フィルタリング

協調フィルタリングの概念

「協調フィルタリング」は、商品レコメンドエンジンを構築するアルゴリズムの1つです。例えば下の図で、顧客eが商品Gを購入しそうかどうかを予測したいとします。顧客dを見ると、顧客eと商品の購入/購入なしの傾向が似ています。顧客dは商品Gを購入していることから、顧客eは商品Gを購入するのではないかと予測することができます。

協調フィルタリングの概念図

顧客	商品A	商品B	商品C	商品D	商品E	商品F	商品G
a	購入	購入なし	購入なし	購入	購入	購入なし	購入
b	購入なし	購入	購入	購入	購入なし	購入	購入
c	購入なし	購入なし	購入なし	購入	購入	購入	購入
d	購入	購入	購入なし	購入	購入	購入なし	購入
e	購入	購入	購入なし	購入	購入なし	購入なし	?

顧客dとeは購入の傾向が似ている

顧客eは商品Gを購入すると予測できる

このように、傾向が似ているユーザーの行動から、予測したいユーザーの行動を予測するというのが、協調フィルタリングの基本的な考え方となります。

メモリベースとモデルベース

協調フィルタリングには、大きく分けて以下の2種類が存在します。

メモリベース

「メモリベース」は、ユーザーとアイテムの類似度行列をそのまま使用します。ユーザーやアイテム間の類似度を計算し、行列で表現します。予測の際は、予測したいユーザーやアイテムについて、類似度の高いユーザーやアイテムを抽出し、それらの先の購入有無（評価値）の加重平均で推定します。

なお、ユーザー間の類似度行列を計算し、類似しているユーザーの加重平均から評価するやり方を「ユーザーベース」と言います。また、上記をアイテム間で実行する場合は「アイテムベース」と言います。

┃┃

モデルベース

「モデルベース」は、ユーザーとアイテムの行列を使ってモデルを構築します。モデルには、主に以下が採用されています。

✓ 行列分解（Matrix Factorization）
✓ クラスタリング
✓ 確率モデル

ここでは、まずメモリベースの協調フィルタリングについて、Recipe6.2までのデータを利用し、結果を確認します。

メモリベースの協調フィルタリング類似度

協調フィルタリングを使用する際、ユーザーもしくは、アイテムの傾向が似ているかどうかは「類似度」という指標を用います。類似度の計算方法としては、

✓ ユークリッド距離
✓ ピアソンの相関係数
✓ コサイン類似度

などがあります。本書の例では、それぞれ以下のように算出されます。

ユークリッド距離

例えば、ユーザー同士の類似度を計算するためには、ユーザーがアイテムを購入したかどうかを「0＝購入なし」「1＝購入」で表現し、n個の商品があった場合はユーザーiのアイテムの購入有無ベクトルをx_i、ユーザーjの購入有無ベクトルをy_jとすると、ユークリッド距離は以下の式で算出されます。

$$d = \sqrt{(x_i - y_j) \times (x_i - y_j)}$$

ピアソンの相関係数

ピアソンの相関係数は、以下の式で算出されます。たたし、ベクトルx_iの平均値をx、ベクトルy_jの平均値をyとしています。

$$r = \frac{\sum_{i=1}^{n}(x_i - x) \times (y_i - y)}{\sqrt{\sum_{i=1}^{n}(x_i - x)^2}\sqrt{\sum_{i=1}^{n}(y_i - y)^2}}$$

コサイン類似度

コサイン類似度は、以下の式で算出されます。

$$\cos\theta = \frac{\sum_{i=1}^{n}(x_i) \times (y_i)}{\sqrt{\sum_{i=1}^{n}(x_i)^2}\sqrt{\sum_{i=1}^{n}(y_i)^2}}$$

ユーザーベースとアイテムベース

メモリベースの協調フィルタリングには大きく分けて、ユーザーベースとアイテムベースの2種類があります。

✓ **ユーザーベース**
 ➡ ユーザーの購買行動から、ユーザー間の類似度を計算し、推薦するアイテムを決める
✓ **アイテムベース**
 ➡ ユーザーの購買行動から、アイテム間の類似度を計算し、類似するアイテムを推薦する

下図に、メモリベースの協調フィルタリングの考え方を例示します。

ユーザーベースの場合、ユーザーdはユーザーeとの類似度が高く、商品Gを購入しているため、ユーザーeは商品Gを購入するのではないかと想定されます。

一方、アイテムベースの場合、商品Gは商品Eとの類似度が高く、商品Eはユーザーeで購入なしのため、商品Gが購入されないのではないかと想定されます。

ユーザーベースの考え方

顧客	商品A	商品B	商品C	商品D	商品E	商品F	商品G	ユーザーEとの類似度
a	購入	購入なし	購入なし	購入	購入	購入なし	購入	0.5
b	購入なし	購入	購入	購入	購入なし	購入	購入なし	0.5
c	購入なし	購入なし	購入なし	購入	購入	購入	購入	0.3
d	購入	購入	購入なし	購入	購入	購入なし	購入	0.8
e	購入	購入	購入なし	購入	購入なし	購入なし	購入？	-

アイテムベースの考え方

顧客	商品A	商品B	商品C	商品D	商品E	商品F	商品G
a	購入	購入なし	購入なし	購入	購入	購入なし	購入
b	購入なし	購入	購入	購入	購入なし	購入	購入なし
c	購入なし	購入なし	購入なし	購入	購入	購入	購入
d	購入	購入	購入なし	購入	購入	購入なし	購入
e	購入	購入	購入なし	購入	購入なし	購入なし	購入なし ?
商品Gとの類似度	0.75	0.25	0	0.75	1	0.25	-

k近傍法による実行例

　ここでは、メモリベースの協調フィルタリングについて「k近傍法（k-nearest neighbor algorithm： knn）」と呼ばれる手法を使います。K近傍法の手順は、以下の通りです。

> 1 あるユーザーaに対して、ユーザー間の類似度を計算し、類似度の高いユーザーを探す
> 2 ユーザーaと類似度の高い上位k人のユーザーの購買行動から、ユーザーaの購買を予測

　Recipe 6.2で作成したデータmst_data_csを利用します。また実行例では、surpriseパッケージの中に格納されている、KNNBasicというモジュールを使用します。

　KNNBasicモジュールにデータを投入する前に、ユーザー名、アイテム名、評価値（今回の例では購入の有無。有＝1、無＝0）の順に項目が並んだ状態で引き渡す必要があるため、以下のコードで実行します。

コード マスターデータの並べ替え

```
mst_data_cs2 = mst_data_cs.reset_index().melt(id_
vars=['CustomerName'])
mst_data_cs2
```

出力

```
     CustomerName   Sub-Category   value
0    Aakanksha      Accessories    0
1    Aarushi        Accessories    1
2    Aashna         Accessories    1
3    Aastha         Accessories    1
4    Aayush         Accessories    0
```

5レコード ← 予測

```
...      ...           ...        ...
5639     Wale       Trousers      0
5640     Yaanvi     Trousers      0
5641     Yash       Trousers      0
5642     Yogesh     Trousers      0
5643     Yohann     Trousers      0
```

5,639レコード

　5,644レコードのデータが出力されました。k近傍法によるメモリベースの協調フィルタリングの例として、このデータで6レコード目〜5,644レコード目を教師として、先頭5レコードの購買有無を予測してみます。

　まずは学習に必要なデータのみを取り出します。

コード データの取り出し

```
mst_data_cs3 = mst_data_cs2.drop(range(0, 5))
mst_data_cs3
```

出力

```
     CustomerName   Sub-Cattegory   value
5    Aayushi        Accessories     0
6    Adhijeet       Accessories     0
7    Abhijit        Accessories     0
8    Adhishek       Accessories     1
9    Adhvaita       Accessories     0

5639    Wale        Trousers        0
```

5640	Yaanvi	Trousers	0
5641	Yash	Trousers	0
5642	Yogesh	Trousers	0
5643	Yohann	Trousers	0

　KNNBasicにデータを投入するには、事前にデータをdatasetクラスに変換しておく必要があります。以下のコードで実行します。

コード datasetクラスへの変換

```
!pip install surprise
from surprise import Reader, Dataset

reader = Reader(line_format='user item rating',
                sep=' ', rating_scale=(0, 1))
mst_data_knn2 = Dataset.load_from_df(mst_data_cs3, reader)
train = mst_data_knn2.build_full_trainset()
```

　KNNBasicに変換したデータを投入します。

コード KNNBasicモジュールへのデータ投入

```
from surprise import KNNBasic

algo = KNNBasic(k=3, min_k=1,
                sim_options={'name': 'cosine', 'user_based': ↵
True})
algo.fit(train)
```

　KNNBasicモジュールの設定オプションは以下の通りです[1]。

パラメータ名	内容
k	評価する際の近傍とするサンプルの最大数 デフォルト値は40
k_min	評価する際の近傍とするサンプルの最小数 デフォルト値は1

パラメータ名	内容
sim_options	name：類似度の計算方法を設定。今回の例では以下のように設定 　　cosine　　#コサイン類似度 　　preason　#ピアソンの相関係数 user_based： 　　True　　　#ユーザーベース 　　False　　#アイテムベース
verbose	結果を表示するかどうかのオプション

※1 「Welcome to Surprise' documentation! k-NN inspired algorithms」(https://surprise.readthedocs.io/en/stable/knn_inspired.html)を参照

∾完成∾

今回の例では、コサイン類似度、ユーザーベース、最大サンプル数「k=3」、最小サンプル数「min_k=1」で実行しました。上記の学習結果を使用して、mst_data_cs2の先頭5行の購買有無を予測してみます。

コード 購買有無の予測

```python
prediction = algo.predict(uid='Aakanksha', 
iid='Accessories')
print('CustomerName: {0}, Sub-Category: {1}, {2:.3f}'
        .format(prediction.uid, prediction.iid, 
prediction.est))

prediction = algo.predict(uid='Aarushi', 
iid='Accessories')
print('CustomerName: {0}, Sub-Category: {1}, {2:.3f}'
        .format(prediction.uid, prediction.iid, 
prediction.est))

prediction = algo.predict(uid='Aashna', 
iid='Accessories')
print('CustomerName: {0}, Sub-Category: {1}, {2:.3f}'
        .format(prediction.uid, prediction.iid, 
prediction.est))
```

```
prediction = algo.predict(uid='Aastha', ⏎
iid='Accessories')
print('CustomerName: {0}, Sub-Category: {1}, {2:.3f}'
        .format(prediction.uid, prediction.iid, ⏎
prediction.est))

prediction = algo.predict(uid='Aayush', ⏎
iid='Accessories')
print('CustomerName: {0}, Sub-Category: {1}, {2:.3f}'
        .format(prediction.uid, prediction.iid, ⏎
prediction.est))
```

```
CustomerName: Aakanksha, Sub-Category: Accessories, 0.000
CustomerName: Aarushi, Sub-Category: Accessories, 0.330
CustomerName: Aashna, Sub-Category: Accessories, 0.667
CustomerName: Aastha, Sub-Category: Accessories, 0.336
CustomerName: Aayush, Sub-Category: Accessories, 0.000
```

出力結果を確認すると、1行目と5行目が購入なし、2〜4行目が購入して
いるので、実際のデータと予測結果がおおむね合致していることが確認で
きます。

応 用

　以下の3つの場合についてもモデルを構築し、精度を確認してみましょ
う。

　　✓ メモリベース ― ユーザーベース
　　✓ メモリメース ― アイテムベース
　　✓ モデルベース ― 特異値分解

ユーザーベースの協調フィルタリング

　まずは、ユーザーベースの協調フィルタリングの精度を確認します。この

事例では、学習データと検証データの分割には、クロス・バリデーションを使用します。また、精度の評価はRMSEを使用します。クロス・バリデーションと精度評価指標RMSEについてはPart 1を参照ください。

[コード] ユーザーベースの協調フィルタリング

```python
from surprise import KNNBasic
from surprise import Dataset
from surprise.model_selection import KFold
from surprise.model_selection import cross_validate

reader = Reader(line_format='user item rating',
                sep=' ', rating_scale=(0, 1))
mst_data_knn3 = Dataset.load_from_df(mst_data_cs2, ↵
reader)

algo = KNNBasic(k=10, min_k=1,
                sim_options={'name': 'pearson', 'user_↵
based': True})
kfold = KFold(n_splits=5, random_state=123)
perf = cross_validate(algo, mst_data_knn3, ↵
measures=['RMSE'],
                      cv=kfold, verbose=True)
```

出力

	Fold 1	Fold 2	Fold 3	Fold 4	Fold 5	Mean	Std
RMSE (testset)	0.4032	0.3940	0.4050	0.3880	0.3944	0.3969	0.0063
Fit time	0.15	0.16	0.13	0.13	0.13	0.14	0.01
Test time	0.27	0.19	0.17	0.18	0.19	0.20	0.04

　上記の例では、学習データと検証データの分割数は5分割としました。検証データのRMSEの平均値は、0.3969となりました。

アイテムベースの協調フィルタリング

　アイテムベースの協調フィルタリングについても、k近傍法で実行してみます。アイテムベースの場合、KNNBasicの引数「user_based」をFalseに変更するだけで実行可能です。それ以外は同様のパラメータで結果を確

認します。

コード アイテムベースの協調フィルタリング

```
from surprise import KNNBasic
from surprise import Dataset
from surprise.model_selection import KFold
from surprise.model_selection import cross_validate

reader = Reader(line_format='user item rating',
                sep=' ', rating_scale=(0, 1))
mst_data_knn3 = Dataset.load_from_df(mst_data_cs2, ⏎
reader)

algo = KNNBasic(k=10, min_k=1,
                sim_options={'name': 'pearson', 'user_⏎
based': False})
kfold = KFold(n_splits=5, random_state=123)
perf = cross_validate(algo, mst_data_knn3, ⏎
measures=['RMSE'],
                      cv=kfold, verbose=True)
```

出力

	Fold 1	Fold 2	Fold 3	Fold 4	Fold 5	Mean	Std
RMSE (testset)	0.4039	0.4101	0.4253	0.3988	0.4107	0.4098	0.0089
Fit time	0.00	0.00	0.00	0.00	0.00	0.00	0.00
Test time	0.03	0.04	0.03	0.04	0.03	0.03	0.00

　検証データのRMSEの平均値は0.4098となりました。今回の例では、ユーザーベースとアイテムベースを比較した場合、ユーザーベースの方がやや精度がよくなっています。精度は一般に、KNNBasicの引数のパラメータを変更すると変化します。パラメータ探索によって、さらに精度のよいモデルを作成できるケースがあります。
　一方、処理の実行時間を確認すると、ユーザーベースで平均0.2秒程度、アイテムベースで平均0.03秒程度と、アイテムベースの方が早いことが確認できます。実運用を考えた場合、単純に精度だけでなく処理時間等も加味しつつ、アルゴリズムを検討していく必要があります。

モデルベースの協調フィルタリング

ここまで、メモリベース法の協調フィルタリングについて解説してきました。

メモリベースの協調フィルタリングは、利用する以前には利用者DBデータには何もせず、レコメンドをする際、利用者DBデータの中から結果を取り出すという作業のため、レコメンドエンジンを実行する際の処理の時間がかかるという欠点があります。

モデルベースの協調フィルタリングでは、利用者DBデータは用いずに、利用者とアイテムについての規則性を表すモデルを事前に構築しておき、モデルとユーザーの行動履歴等のデータから結果を出力するため、メモリベースと比較して、短い時間で出力結果が得られるというメリットがあります。

一方で、ユーザーや商品が追加や削除となった場合、メモリベースではDBデータの入れ替えのみですが、モデルベースの場合、モデルの変更が必要な可能性があるというデメリットがあります。

メモリベースの協調フィルタリングで使用されるモデルについては、例えば以下が考案されています[2]。

✓ クラスタモデル
✓ 関数モデル
✓ 行列分解
✓ 確率モデル

[2] 神嶌　敏弘「推薦システム」(https://www.kamishima.net/archive/recsys.pdf) p.98

特異値分解

モデルベースの協調フィルタリングの例として、行列分解のうち、特異値分解 (singular value decomposition: SVD) での事例を示します。

行列の特異値分解は、以下の式で表現されます。

$$R_{ab} = \sum_{ij} U_{ai} A_{ij} V_{jb}^{\top}$$

ただし、Rはm×nの行列、Uはm×kの直行行列、Aはk×kの対角行列、Vはk×nの対角行列とします。

行列Aの対角部分を特異値と呼びます。協調フィルタリングの例では、m人ユーザーでn個のアイテムがあった場合、Rはm×nの評価行列となります。本書の例では購入有無、有＝1、無＝0が入力された行列となります。

特異値分解は、surpriseの中にSVDというモジュールで格納されており、そちらを使用します。これまでの例と同様に学習データと検証データの分割数は5分割とし、クロス・バリデーションで精度を確認します。

コード | 特異値分解の実行

```python
from surprise import SVD
from surprise import Dataset
from surprise.model_selection import KFold
from surprise.model_selection import cross_validate

reader = Reader(line_format='user item rating',
                sep=' ', rating_scale=(0, 1))
mst_data_knn3 = Dataset.load_from_df(mst_data_cs2, ⏎
reader)

algo = SVD(n_factors=30, n_epochs=50, biased=True,
           lr_all=0.005, reg_all=0.3)
kfold = KFold(n_splits=5, random_state=123)
perf = cross_validate(algo, mst_data_knn3,
                      measures=['RMSE'],
cv=kfold, verbose=True)
```

出力

	Fold 1	Fold 2	Fold 3	Fold 4	Fold 5	Mean	Std
RMSE (testset)	0.3856	0.3804	0.3920	0.3733	0.3819	0.3827	0.0062
Fit time	0.26	0.24	0.24	0.25	0.22	0.24	0.01
Test time	0.01	0.01	0.00	0.01	0.02	0.01	0.01

　モデル精度のRMSEの平均値は、0.3827とこれまでで最もよい結果が確認できました。

最後に、Part 6で使用した各種モジュールを一覧にまとめます。

モジュール名	役割
pandas	・データ解析を行うためのライブラリ
numpy	・ベクトルや行列の計算を高速に処理するためのライブラリ ・機械学習モデルに投下する際、データをnumpyの多次元配列に直してから投下するケースが多い
matplotlib.pyplot	・Pythonの描画ライブラリで、線グラフや棒グラフ等を出力できる
seaborn	・Pythonの描画ライブラリ、洗練された図を描くことができる ・matplotlib.pyplotと比べて、少ないコードで図が書けることが多い
surprise	・レコメンドシステムの構築および分析するためのPythonパッケージ
surprise.model_selection	・surprisのパラメーターを検索するためのモジュール

Appendix

AI開発の
成功パターン（EDA）と
失敗パターン（LISA）

AI開発の成功パターン：EDA

　AIブームが叫ばれて久しいですが、現在でもなお、AI開発の「成功の方程式」は完成していません。顧客や上司、経営層からのAIに対する期待値が上がっていく一方で、発注者側に十分な情報が行き渡っていないため、結果として"フワフワした案件"が多く、要件定義のやりにくさを感じているエンジニアも多いかと思います。

　筆者は自社でのAI開発経験を通して、プロジェクトを失敗させないための独自メソッド（チェックリスト）を考案しました。発注者側とのヒアリング時に下記のポイントを押さえ、客観的に見てバランスのとれた最適な方向にプロジェクトを進めていけば、失敗しにくくなるはずです。

　なお、以下の解説では単純化するためにAI開発会社が顧客と要件定義する状況に絞りましたが、社内開発においても、顧客を上司や経営層（意思決定者、つまり開発経費のリスクを取る人）に置き換えれば適用できるでしょう。

押さえたいポイント3つ：EDA

✓ Experience（エンドユーザーの顧客体験）
✓ Data（使用できるデータの量と質）
✓ Accuracy（AIモデルの精度）

Experience（エンドユーザーの顧客体験）

　いわゆる"業務改善による顧客の収益向上"の課題にも通じることですが、市場であまり本格的に議論されていないのが、この「ユーザー体験（Experience）」ではないでしょうか。本来はどんなITの現場でもB2B/B2Cそれぞれでエンドユーザーが存在しているはずです。AI導入の場合でも、結局エンドユーザーの体験が劇的によくなっているのかどうかの検証は、開発キックオフのときからスコープに入れるべきでしょう。

　実際、（技術の黎明期にはよくある話ですが）AIの導入自体が目的化してしまったり、単なる客引きの要素としてAIが使用されるケースが多いです。例えば、従来

型のネット通販にAI ChatBotを導入して"AI接客Eコマース"としてフレッシュなイメージで売り出すケースなどが該当します。導入自体は悪いことではありませんが、問題はその先にあります。ChatBot導入で開発会社は儲けることができる一方、Eコマースの会社が儲かるかどうかは別の話です。（当然ですが）儲けるためには、Eコマースのエンドユーザーである「消費者の体験」が、従来よりよくなっている必要があります。AI接客の体験（UX＝UserExperience）がよくなることによって、エンドユーザーは思わず商品を買ってしまったり、頻繁にショップを訪れるようになるはずです。

　B2Bでもユーザー体験は大事です。目視で紙の伝票を確認し、毎日深夜まで残業が発生する社員がいたとします。これがAI画像認識の導入で、確認作業の時間が1/10になり、毎日定時に退社できるようになれば、これは素晴らしいユーザー体験の向上といえます。また、残業代が圧縮されますので、企業側にも利益（Return）が増えますので、体験と利益の両立が成り立つ素晴らしい事例になります。

　こういった体験と利益の両立事例が増えることが、AIブームを一過性で終わらせず、AI技術を定着させる鍵だと筆者は考えます。シリコンバレーでは、効果の薄いITツールをマーケティングの力で売っていることを、皮肉を込めて「Snake Oil（蛇の油）」と呼んでいます（蛇の油を薬と称して販売しているが、本当の効き目はないとの意味）。AI技術についても、Snake Oilのような売り方でAIを単なる客寄せパンダとして実装を続けていると、長期的にはエンドユーザーが離れていき、そのブームは短期で終わってしまうでしょう。

　AI業界で非常に影響力のあるスタンフォード大学のAndrew Ng氏は、「非常に精度の高い学習済みモデルのAI APIがそろってきた。これからはアイデア勝負で、どんどんアプリケーションを実装していこう」と発言しています。AIエンジニアとUX（ユーザー体験）デザイナーがコラボレーションし、エンドユーザーの大きな悩みを解決するビジネスアプリケーションを量産すべき時代が到来していると言えます。筆者はこの状況を「AIブームの次に来るAIの浸透フェーズ」と呼んでいます。例えばIBM社のWatsonチームでは、実装のアイデアを考える人材が足りず、UXデザイナーを多くのポジションで募集しています。こういった求人は今後も増え続けるはずです。研究開発ブームから、実際にAIが世の中を変える時代になった証拠と言えるでしょう。

Data（使用できるデータの量と質）

　分析データ（AI構築に必須な教師データ）の量と質は、開発の成功を大きく左右する大事な要素です。ところが実際のAI開発の現場では、時としてこの検証が後回しにされることがあります。商談の後で分析データの量と質が悪いことがわかると、

せっかく実施した商談が無駄になり、顧客もハッピーではありません。筆者は、初回打ち合わせで守秘義務契約を顧客と締結し、100〜200行程度のExcelファイルでもいいので、サンプルデータをいただいて即検証するようにしています。サンプルの中身が筋の悪いデータの場合は、「ちょっと今回は厳しそうです」と顧客に伝えすることもあります。相手も長く期待を持たされるよりよいですし、次のアクションに移ることができますね。

　AIは、「人工知能」という言葉が脳や人間を連想させるので、教師データ（AI構築に必要な学習データ）がなくても、適当なインプットをすれば役立つアウトプットを出力すると誤解している方もまだ多い状況です。以下を、意思決定者に理解してもらうことは必須です。

- ✓ AIは最初から賢い訳ではない。教師データを使ってパターン認識をモデル化するから精度の高いアウトプットを出力できる
- ✓ AI活用のためには教師データは数万〜数十万件は必要。多ければ多い方がよい
- ✓ ディープラーニングを万能の魔法だと思っている方もいるが、教師データ100個程度では役に立たない

　また、データの質も重要です。構造化（表形式）されていないデータや、ノイズが多いデータは前処理のコストや時間が別途発生することも、しっかり理解してもらいましょう。

　十分な量の教師データが手元にない場合、打ち合わせ段階では「新規にアプリを作ってユーザー情報を集めればよい」とか、「教師データがないので人力で作ろう」という話になることも多いです。しかし実際にそうすると、例えば動画の教師データを3,000件作るにはかなりの手間・時間・コストがかかります。より小規模な自然言語データであっても、やはりデータ作成者がフル稼働しないと数千件の教師データは用意できません。この負荷を理解すると、顧客側も「想定よりかなり面倒だな」という気持ちになり、発注自体に後ろ向きになるケースもあります。

Accuracy（AIモデルの精度）

　そして、非常に重要なのがAIの精度（Accuracy）の問題です。エンジニアなら誰でも知っていることですが、AIのアウトプットで精度100％はありえないことを、あらかじめ顧客（意思決定者）にきちんと説明しましょう。「AI＝完璧な人間の代替」とイメージされている方も多く、この事実がうまく伝わらないことがあります。どうしても100％の精度にこだわるなら、ルールベースのAIでないアルゴリズムの方が適

しているという結論になります。実際に失敗が許されない環境で使われているAI、例えばChatBotであれば、それはルールベースだったりします。

　AIの開発に、失敗するリスクはつきものです。場合によってはアウトプットの精度が60～80％程度でも、プロジェクトを進めなければいけない状況はあり得ます。そのため、まずは「Proof of Concept（Poc：AIのプロトタイプによる軽い実証実験）を安価で構築し、それが成功すれば本番開発に移ることが一般的です。Poc段階と本番開発段階の2段階ロケットのように受注することで、リスクを最小化しているのです。あるいは受託の場合で、通常のバックエンド開発と同じ感覚で発注しようとする顧客から「精度100％を契約上約束してほしい」「瑕疵担保条項を入れさせてほしい」と要求されることがあります。これは開発会社としては受けられないので、契約は瑕疵担保条項なしの準委任契約を結ぶよう交渉が必要です。

まとめ

- ☑ EDAのポイントをバランスよく押さえ、開発プロジェクトをスタートさせましょう
- ☑ 特に意思決定者と顧客の収益向上、およびエンドユーザーの体験（Experience）を俯瞰的・客観的に分析して開発を最適化させましょう

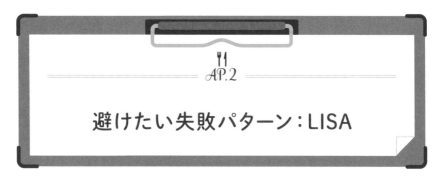

避けたい失敗パターン：LISA

　成功事例に比べて、失敗事例の話題はクライアントワークが中心のAI業界ではあまり表に出てきません。さすがにブログやYouTubeに実名で残す訳にもいかず、Twitterにたまに怒りのコメントを見るくらいです。

　筆者は自社でのAI開発に加えて、過去700回ほどの勉強会（コミュニティイベント）を通じて、おおよそ8,000人の機械学習エンジニアの悩みについて公開形式で話し合ってきました。ここではなるべく生々しく、避けたいアンチパターンを伝えられればと思います。

押さえたいポイント3つ：EDA

✓ Literacy
　顧客のIT/AI/数学リテラシー（理解する力）が足りず、ずっと話が噛み合わずに失敗

✓ IP（Intellectual Property）
　知的財産の所在をお互いが自分に都合よく考えてしまい、最後はトラブルに

✓ Shokunin
　AIであっと驚く業務改善ができるはずが、現場の職人のノウハウとそっくりになり顧客がっかり

✓ AGI
　まるでドラえもんのような汎用人工知能（Artificial General Intelligence＝AGI）のイメージで受注してしまいジリ貧に

Literacy：ずっと話が噛み合わず失敗

Point 内容が難解で顧客が理解してないままプロジェクトがスタートしてしまう

　このリテラシーの問題は、現場ではよくある事例の1つです。例えばAI導入の目標が「ドラえもんの世の中を実現すること」のようにイメージしやすい内容だとして

も、その先にある技術（数学）の話題を抑えないと具体的な中身は理解しにくく、打ち合わせでもすれ違いが生じます。顧客側の理解が曖昧な状態ですと、どうデータ渡せばいいのか、現実的な目標はどのように設定すべきなのか、そして精度と業務改善のリーズナブルな落とし所が全く理解できないままになってしまい、大変危険です。エンジニアが難解な資料の解説ばかりしてしまい、顧客側が理解しにくいものだと、方向性が全く合いませんし、開発案件の受注も難しいでしょう。

これを回避するための工夫として、エンジニア側の説明を難解なものばかりではなく、少し抽象度を高めた易しい例え話（アナロジー）を入れて説明すると言う手法があります（例えば「テスラの自動運転は、決して疲れない"AIの眼"が30個ついて、360度リアルタイムに監視しているので、人間の運転より安全です。また、AIの眼は、赤外線など人間の眼で見えないものもセンサーの種類によって捕捉できるのです」のような話）。この方法には一定の効力があります。ただし、理系分野が本当に苦手で、中学から苦手意識があったような顧客の場合は、やはりAIの真の部分をわかっていただくのはしんどいでしょう。

そんなときにおすすめしたいのが、2〜3週間の基礎AIレクチャーです。顧客のキーパーソン10人ぐらいに集まってもらいレクチャーします。一般的なセミナー形式でもいいですが、あえてワークショップ形式にして、AIのユースケースを考えてもらったり、簡単な足し算・掛け算でニューラルネットワークの計算をしたりといった、手を動かすコンテンツにすると、かなり効果が高いです。ワークショップの前後で顧客の意識や、AIの限界と得意分野に対する見解が深まることにより、その後の開発プロジェクトでのコミニケーションがかなりよくなります。

IP（Intellectual Property）：知的財産の所在を巡ってトラブルに

> Point AI開発と知的財産について問題となる領域を知り、契約でどのように定めたらよいかを知ろう

AI開発において知的財産が争点になるのは、「開発会社が顧客のデータを使ってAIモデルを構築した場合、この著作権は誰が所有しているのか。また、その後に同モデルを同業種の顧客に提供してよいのか」というものが主になります。これらについて、事前に契約で何も定めないと後々トラブルになりますので、開発会社と顧客との間で相対の契約を結ぶ必要があります。

AI開発には、主に2つのパターンがあります。

✓ 顧客から学習済みモデルの提供を受けて、開発会社が1から構築する受託契約パターン

✓ 開発会社が保有している学習済みモデルを、顧客用にカスタマイズして提供するサービス提供パターン

どちらのパターンに該当するかによって、契約上の知的財産の扱いをどう定めるかはかなり変わってきます。詳しくはスペースの都合で省略しますが、AI開発と知的財産の問題について専門性を有している弁護士さんもいますので、契約前に確認しておきましょう。参考として、筆者とお付き合いのある弁護士さん（柿沼太一氏）に、よくあるトラブルと対策案を伺いましたので、以下にまとめておきます。受託開発やサービス提供を進める上で肝になるポイントかと思いますし、特に大企業と付き合う上では後でトラブルにもなりやすいので気をつけて対処しましょう。

柿沼弁護士に聞いてみた

開発において発生する可能性のあるトラブル

✓ 安易に品質保証をしたが、結局達成できず減額や返金、契約解除が発生する

✓ ユーザーから提供される生データ、学習用データセット、学習済みモデル、学習済みパラメータなどの知的財産権の帰属や利用条件が明確になっていないため、誰が何をどのように利用できるかが不明確になる

✓ 完成したAIを利用したことによって何らかの損害がユーザーや第三者に生じてしまい、損害について賠償するように求められる

AI開発契約上の対応策

✓ 開発段階によって契約を分割（例えばアセスメント、PoC、プロダクションに乗せる本開発ごとに契約）し、1つの段階がうまくいったら次の段階に進む形式を採用する

✓ AIの特性をユーザーに理解してもらい、安易な品質保証をしない。何らかの形で品質を保証せざるを得ない場合は、どのようなデータを用いた場合の出力の品質を、どのようにしてテストするのかまでを明確に定める必要がある

✓ 契約上、生データや学習用データセット、学習済みモデル、学習済みパラメータなどの知的財産権の帰属や利用条件を明確にして、ベンダーによる横展開に支障がない形式とする

✓ AIの特性上、AIの利用によって発生した損害をすべてベンダーが負担するということは通常は不可能。そのため、損害についてはベンダーは責任を負わない、あるいは損害の上限を定めるなどの対応が必要

［柿沼弁護士プロフィール］

　専門分野はスタートアップ法務およびデータ・AI法務。現在、さまざまなジャンル（医療・製造業・プラットフォーム型など）のAIスタートアップを、顧問弁護士として多数サポートしている。AIの開発・利用・責任に関するセミナーにも多数登壇。経済産業省「AI・データ契約ガイドライン」検討会検討委員（～2018年3月）。日本ディープラーニング協会（JDLA）有識者委員（2020年5月～）。

Twitter：https://twitter.com/tka0120
STORIA法律事務所 プロフィールページ：https://storialaw.jp/lawyer/3041

Shokunin：職人のノウハウと変わらず顧客ががっかり

> Point 納品したAIが、熟練の職人と同じアウトプットをして「これでは発注した意味がない」と言われてしまう

　ここでは、製造業の業務改善に取り組んだ場合を例にして考えてみます。仮に異常検知AIを使って、自動車パーツの生産機械の故障を予兆検知するのがゴールのプロジェクトとしましょう。各種IoTセンサーを使い、1/1,000秒単位でディープラーニング時系列解析し、いくつかの仮説検証の後、最終的なレポートを3～6カ月後に顧客へプレゼンするとします。このときに、たとえ予兆検知が万全な内容でも、そのアウトプット方法に魅力がない（例えば、パーツ生産機械の工程でキーンキーンという音が5秒鳴ったら、その2時間後に機械が故障する確率が75%である、など）と、顧客の満足度は著しく下がってしまいます。

　AI開発に顧客が期待するものの1つに、「半直感的（通常、人が考えつかないようなパターン）な事実を知らせる」という事項があります。ある意味、手品を期待しているとも言えます。

　つまり数千万円の受注をする際に、その費用に対しての納得感を出す必要があり、場合によっては（真面目な意味での）演出が大事になります。マニアックな運営テクニックですが、例えば製造業のコンサルティングをする場合、実験が一発だと反直感的な発見は見つかる可能性が低いので、開発会社によっては12カ月のプロジェクトを12個に区切って、それこそ10～15種類の数理モデルやデータを試し、その中で何か参考になるヒント、あるいは1-2個の反直感的事実を探そうとする会社もあります。

　数千万円のAI開発費を負担する顧客の目線でいえば、業界のドメイン知識（職人知識）と同じ内容をなぞったものを提案されても満足できない、というのは至極当

然のことかと思います。顧客の気持ちを尊重し、何とか新規性のある結果を出そうと努力することは、AI開発の上で大事なことでしょう。

AGI：汎用人工知能（Artificial General Intelligence）のイメージで受注してしまいジリ貧になる

> **Point** 汎用人工知能を想起させるような目標にコミットしてしまう（その方が売りやすいが、後で苦労する）

　AIの受託において（ドラえもん自体を作らないにしても）魅力あるアウトプットがないと受注に至りにくいという事実はあります。しかし一方で、何でもできるAI、つまり汎用人工知能的なゴールにコミットするのは危険です。当然完成はしませんし、顧客も幸せになりません。筆者の見解では、50％ワクワク（顧客が投資したくなる理由）／50％リアリティ（確実にクリアできそうな安全なゴール）でプレゼンすべきだと考えます。

　長期ゴールとして、ワクワク感のある部分がX％完成するのか（ただし完成確率Y％）、という形でプレゼンでは表現します。希望に溢れるそのゴールへの最初の一歩として、短期プロジェクトでは数理モデルを使って精度を実現し、提案書に落とし込みます。この長期と短期の提案書の見せ方がセットになったもので意思決定者稟議を通すことにより、顧客は短期ゴールに納得し、長期ゴールをイメージしながら、内部的には未来への種まきとして考えることができるでしょう。

まとめ

☑ LISAのポイントを押さえ、リスクを賢く避けながらガンガン開発を進めましょう

☑ 意思決定者と顧客の立場に立った上で、プロジェクトや合意点の"落とし所"を意識しましょう。相手の心理状況やゴールを深読みすることは炎上を防ぎます

参考：筆者のAI研究会イベントコミュニティ「Team AI」
https://www.team-ai.com/

あとがき

　今回執筆は、我々のAIハッカソンコミュニティ"Team AI"宛にオーム社 編集部からメールをいただいたことからはじまりました。貴重な機会をいただいたオーム社 編集部の皆さん、そして共著者の漆畑さん、川崎さん、元木さんをはじめ、制作に携わっていただいた皆さんに感謝を申し上げます。

　特に強い人脈とリーダーシップで非常に専門性の高い後輩さんを率いて頂いた漆畑さんのお力がなくては、本書は成立しえませんでした。読者の皆さんの日々のビジネスが改善し、骨太になって頂ければ幸甚です。

　なお、ビジネス以外の領域も含め、何かお力になれることがあるかもしれません。私のTwitterDMも解放しておりますので、何かご相談ごとがあれば気軽に連絡ください。
https://twitter.com/ishiid

　コロナウイルスの早期終息と、我々が大好きなAI技術が、猛烈な逆風の中ひとつでも多くのビジネスの活力となる事を祈りながら筆を置きます。

♩ index

〈編著者・著者略歴〉

漆 畑　充　（うるしばた みつる）

株式会社 Crosstab 代表取締役
　1982 年：愛知県生まれ
　2005 年：慶應義塾大学理工学部卒業
　2007 年：同大学院理工学研究科修士課程修了
　2019 年：株式会社 Crosstab を創業

　業種業界を問わずさまざまなクライアントに対してデータ解析サービスやデータビジネス開発支援、人材育成事業などを展開している。統計モデルの作成および特にビジネスアウトプットを重視した分析が得意領域である。その他開発実績としてデータ解析に関する特許を複数取得。また 2020 年より東北大学大学院情報科学研究科後期博士課程に在籍、量子機械学習をテーマに研究を行っている。

石 井　大 輔　（いしい だいすけ）

株式会社キアラ 代表取締役
　1975 年：岡山県倉敷市生まれ

　京都大学総合人間学部では数学（線形代数）とフランス史をダブル専攻。伊藤忠商事（株）ではミラノとロンドンに駐在しファッション新規事業開発。2011 年にジェニオを創業し、IT/EC のコンサルティングを手がける。2015 年には、シリコンバレーの起業家育成組織 OneTraction の指導のもと米国で事業推進。2016 年、AI・機械学習に特化した研究会コミュニティ Team AI を立ち上げる。FinTech、医療などデータ分析ハッカソンや AI 論文輪読会を毎週渋谷で開催。800 回のイベント通じ会員 8,000 人を形成。2019 年、100 ヶ国語同時翻訳 Chatbot アプリ Kiara を海外向けにローンチ。2020 年、500Startups Global Launch Singapore（経済産業省 JETRO 後援）を卒業。著書には『機械学習エンジニアになりたい人のための本 － AI を天職にする』（翔泳社・単著）『データ分析の進め方 及び AI・機械学習 導入の指南』（情報機構・共著）『現場のプロが教える前処理技術』（マイナビ出版・共著）『コロナ vs. AI 最新テクノロジーで感染症に挑む』（翔泳社・共著）『医療 AI の知識と技術がわかる本』（翔泳社・共著）等がある。

川 崎　達 平　（かわさき たっぺい）

　1986 年：北海道生まれ
　2012 年：東京大学理学部生物化学科卒業
　2014 年：同大学院新領域創成科学研究科複雑理工学専攻博士前期課程修了
　2017 年：同大学院新領域創成科学研究科複雑理工学専攻博士後期課程修了

　大学での専門は神経科学。現在は、デジタルアドバタイジングコンソーシアム（株）に勤務。機械学習エンジニアとして、主に広告配信システムの開発業務に従事している。

本 木　裕 介　（もとき ゆうすけ）

　1984 年：宮城県生まれ
　2007 年：東北大学理学部物理学科卒業
　2009 年：同大学院理学研究科物理学専攻博士前期課程修了
　2011 年：同大学院理学研究科物理学専攻博士後期課程中退

　大学での専門は理論物理学。現在は（株）金融エンジニアリング・グループに勤務。データ分析コンサルタントとして、主に金融機関のコンサルティング業務に従事している。

• 本書の内容に関する質問は、オーム社ホームページの「サポート」から、「お問合せ」の「書籍に関するお問合せ」をご参照いただくか、または書状にてオーム社編集局宛にお願いします。お受けできる質問は本書で紹介した内容に限らせていただきます。なお、電話での質問にはお答えできませんので、あらかじめご了承ください。
• 万一、落丁・乱丁の場合は、送料当社負担でお取替えいたします。当社販売課宛にお送りください。
• 本書の一部の複写複製を希望される場合は、本書扉裏を参照してください。

JCOPY ＜出版者著作権管理機構 委託出版物＞

AI・データ分析モデルのレシピ

2021 年 6 月 24 日　　第 1 版第 1 刷発行

編 著 者　漆 畑　充
著　　者　石 井 大 輔・川 崎 達 平・本 木 裕 介
発 行 者　村 上 和 夫
発 行 所　株式会社 オ ー ム 社
　　　　　郵便番号　101-8460
　　　　　東京都千代田区神田錦町 3-1
　　　　　電話　03(3233)0641(代表)
　　　　　URL　https://www.ohmsha.co.jp/

© 漆畑充・石井大輔・川崎達平・本木裕介 2021

組版　BUCH⁺　印刷・製本　図書印刷
ISBN978-4-274-22724-0　Printed in Japan

本書の感想募集　https://www.ohmsha.co.jp/kansou/

本書をお読みになった感想を上記サイトまでお寄せください。
お寄せいただいた方には、抽選でプレゼントを差し上げます。

好評関連書籍

マンガで統計を
わかりやすく解説！

●高橋 信／著
●トレンド・プロ／マンガ制作
●B5変・224頁
●定価（本体2000円【税別】）

回帰分析の基本からロジスティック
回帰分析までやさしく解説！

●高橋 信／著
●井上 いろは／作画
●トレンド・プロ／制作
●B5変・224頁
●定価（本体2200円【税別】）

因子分析の基礎から応用まで
マンガと文章と例題でわかる！

●高橋 信／著
●井上 いろは／作画
●トレンド・プロ／制作
●B5変・248頁
●定価（本体2200円【税別】）

ビッグデータ、機械学習で注目の
ベイズ統計学がマンガでわかる！

●高橋 信／著
●上地 優歩／作画
●ウェルテ／制作
●B5変・256頁
●定価（本体2200円【税別】）

【マンガでわかるシリーズ・既刊好評発売中！】

統計学 ／ 統計学 回帰分析編 ／ 統計学 因子分析編 ／ ベイズ統計学 ／ 機械学習 ／ 虚数・複素数 ／ 微分方程式 ／ 微分積分 ／ 線形代数 ／ フーリエ解析 ／ 物理 力学編 ／ 物理 光・音・波編 ／ 量子力学 ／ 相対性理論 ／ 宇宙 ／ 電気数学 ／ 電気 ／ 電気回路 ／ 電子回路 ／ ディジタル回路 ／ 電磁気学 ／ 発電・送配電 ／ 電池 ／ 半導体 ／ 電気設備 ／ 熱力学 ／ 材料力学 ／ 流体力学 ／ シーケンス制御 ／ モーター ／ 測量 ／ コンクリート ／ 土質力学 ／ CPU ／ プロジェクトマネジメント ／ データベース ／ 暗号 ／ 有機化学 ／ 生化学 ／ 薬理学 ／ 分子生物学 ／ 免疫学 ／ 栄養学 ／ 基礎生理学 ／ ナースの統計学 ／ 社会学 ／ 技術英語

もっと詳しい情報をお届けできます．
◎書店に商品がない場合または直接ご注文の場合も右記宛にご連絡ください。

ホームページ https://www.ohmsha.co.jp/
TEL／FAX TEL.03-3233-0643 FAX.03-3233-3440

（定価は変更される場合があります）